聚集诱导发光丛书

唐本忠　总主编

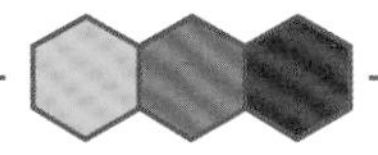

聚集诱导发光之光电器件

赵祖金 等 著

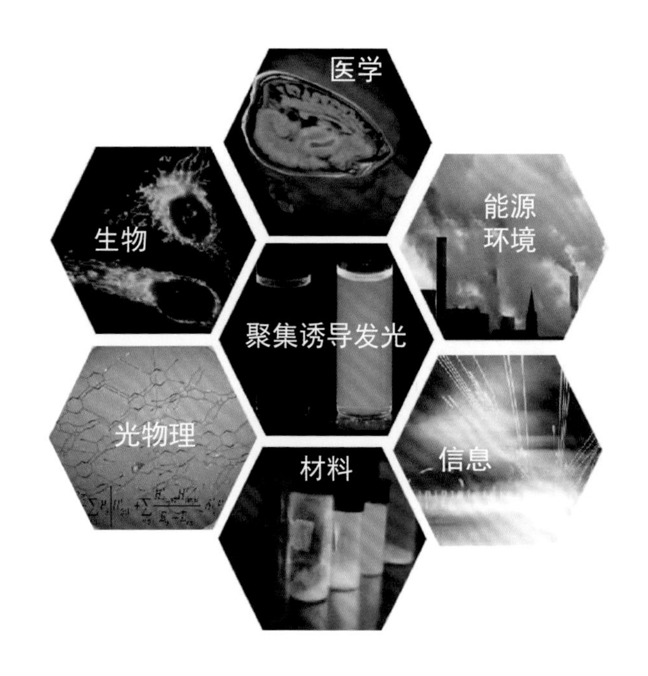

科 学 出 版 社
北 京

内 容 简 介

本书为“聚集诱导发光丛书”之一。本书邀请了数十位相关研究方向的学者，全面而系统地介绍了聚集诱导发光（AIE）材料在光电器件开发中的应用。本书是一系列原创性成果的系统归纳和整理，对聚集诱导发光材料在光电器件中的应用发展有着重要的推动意义和学术参考价值。内容主要包括有机发光二极管（OLED）、经典 AIE 材料及其 OLED 器件、聚集诱导延迟荧光材料及其 OLED 器件、基于空间电荷转移的热活化延迟荧光材料及其 OLED 器件、基于 AIE 材料的荧光/磷光混合型白光 OLED（WOLED）、圆偏振 AIE 分子、太阳能集光器和电致荧光变色器件。

本书可供高等院校及科研单位从事光电材料与器件的研究及开发的相关科研与技术人员使用，也可以作为高等院校材料科学与工程、光电材料与器件、化学及相关专业研究生的专业参考书。

图书在版编目（CIP）数据

聚集诱导发光之光电器件 / 赵祖金等著. —北京：科学出版社，2023.5

（聚集诱导发光丛书 / 唐本忠总主编）

国家出版基金项目

ISBN 978-7-03-075441-7

Ⅰ. ①聚…　Ⅱ. ①赵…　Ⅲ. ①光电器件　Ⅳ. ①TN15

中国国家版本馆 CIP 数据核字（2023）第 069838 号

丛书策划：翁靖一

责任编辑：翁靖一　李丽娇 / 责任校对：杜子昂

责任印制：师艳茹 / 封面设计：东方人华

科学出版社 出版

北京东黄城根北街 16 号

邮政编码：100717

http://www.sciencep.com

北京九天鸿程印刷有限责任公司印刷

科学出版社发行　各地新华书店经销

*

2023 年 5 月第　一　版　开本：B5（720 × 1000）

2023 年 5 月第一次印刷　印张：9 1/4

字数：200 000

定价：119.00 元

（如有印装质量问题，我社负责调换）

聚集诱导发光丛书

编委会

总　序

光是万物之源，对光的利用促进了人类社会文明的进步，对光的系统科学研究“点亮”了高度发达的现代科技。而对发光材料的研究更是现代科技的一块基石，它不仅带来了绚丽多彩的夜色，更为科技发展开辟了新的方向。

对发光现象的科学研究有将近两百年的历史，在这一过程中建立了诸多基于分子的光物理理论，同时也开发了一系列高效的发光材料，并将其应用于实际生活当中。最常见的应用有：光电子器件的显示材料，如手机、电脑和电视等显示设备，极大地改变了人们的生活方式；同时发光材料在检测方面也有重要的应用，如基于荧光信号的新型冠状病毒的检测试剂盒、爆炸物的检测、大气中污染物的检测和水体中重金属离子的检测等；在生物医用方向，发光材料也发挥着重要的作用，如细胞和组织的成像，生理过程的荧光示踪等。习近平总书记在2020年科学家座谈会上提出“四个面向”要求，而高性能发光材料的研究在我国面向世界科技前沿和面向人民生命健康方面具有重大的意义，为我国“十四五”规划和2035年远景目标的实现提供源源不断的科技创新源动力。

聚集诱导发光是由我国科学家提出的原创基础科学概念，它不仅解决了发光材料领域存在近一百年的聚集导致荧光猝灭的科学难题，同时也由此建立了一个崭新的科学研究领域——聚集体科学。经过二十年的发展，聚集诱导发光从一个基本的科学概念成为了一个重要的学科分支。从基础理论到材料体系再到功能化应用，形成了一个完整的发光材料研究平台。在基础研究方面，聚集诱导发光荣获2017年度国家自然科学奖一等奖，成为中国基础研究原创成果的一张名片，并在世界舞台上大放异彩。目前，全世界有八十多个国家的两千多个团队在从事聚集诱导发光方向的研究，聚集诱导发光也在2013年和2015年被评为化学和材料科学领域的研究前沿。在应用领域，聚集诱导发光材料在指纹显影、细胞成像和病毒检测等方向已实现产业化。在此背景下，撰写一套聚集诱导发光研究方向的丛书，不仅可以对其发展进行一次系统地梳理和总结，促使形成一门更加完善的学科，推动聚集诱导发光的进一步发展，同时可以保持我国在这一领域的国际领先优势，为此，我受科学出版社的邀请，组织了活跃在聚集诱导发光研究一线的十几位优秀科研工作者主持撰写了这套“聚集诱导发光丛书”。丛书内容包括：聚集诱导发光物语、聚集诱导发光机理、聚集诱导发光实验操作技术、力刺激响应聚集诱导发光材料、有机室温磷光材料、聚集诱导发光聚合物、聚集诱导发光之簇发光、手性聚集诱导发光材料、聚集诱导发光之生物学应用、聚集诱导发光之光电器件、聚集诱导荧光分子的自组装、聚集诱导发光之可视化应用、聚集诱导发光之分析化学和聚集诱导发光之环境科学。从机理到体系再到应用，对聚集诱导发光研究进行了全方位的总结和展望。

历经近三年的时间，这套“聚集诱导发光丛书”即将问世。在此我衷心感谢丛书副总主编彭孝军院士、田禾院士、于吉红院士、秦安军教授、王东教授、张浩可研究员和各位丛书编委的积极参与，丛书的顺利出版离不开大家共同的努力和付出。尤其要感谢科学出版社的各级领导和编辑，特别是翁靖一编辑，在丛书策划、备稿和出版阶段给予极大的帮助，积极协调各项事宜，保证了丛书的顺利出版。

材料是当今科技发展和进步的源动力，聚集诱导发光材料作为我国原创性的研究成果，势必为我国科技的发展提供强有力的动力和保障。最后，期待更多有志青年在本丛书的影响下，加入聚集诱导发光研究的队伍当中，推动我国材料科学的进步和发展，实现科技自立自强。

唐本忠

中国科学院院士

发展中国家科学院院士

亚太材料科学院院士

国家自然科学奖一等奖获得者

香港中文大学（深圳）理工学院院长

Aggregate 主编

前　言

随着几十年的科技发展，有机光电器件已经逐步在商业应用中崭露头角。以有机发光二极管（organic light-emitting diode，OLED）为例，从最早的第一代荧光 OLED 材料，到磷光 OLED 材料，再到现在热门的第三代热活化延迟荧光（thermally activated delayed fluorescence，TADF）材料，现阶段 OLED 材料已经满足了商用产品的基本需求，但仍然需要持续发展。

2001 年，唐本忠院士团队首次报道了一种反常的发光行为，一类荧光分子在稀溶液中几乎不发光，而在形成聚集体时发出很强的荧光，这种现象被命名为聚集诱导发光（aggregation-induced emission，AIE）。与常规光学性质材料相比，AIE 性质材料具有非常多的优点，如固体状态下的高荧光强度和量子产率、高的热稳定性、抗光漂白性质、颜色可调等突出优点，因此，AIE 材料在有机电子学器件、生物检测、环境监测等方面显示出非常好的应用。随着光电器件与技术的发展，有机半导体材料及器件的效率和寿命得以提升。以 OLED 为代表的有机光电子技术得到了迅猛发展，对有机光电材料提出了更高的要求。优化分子结构，设计合成稳定性好、量子产率高、传输性能优异的有机半导体材料，成为有机电子学、材料化学等领域专家学者关注的焦点。AIE 材料因其稳定性好、固体荧光强度高等突出优点，已应用于 OLED 器件的开发。

全书共 8 章，第 1 章为 OLED 的背景介绍，主要包括 OLED 器件结构、分类、性能评价参数，以及发展现状及未来趋势。第 2 章是经典 AIE 材料及其 OLED 器件，主要介绍了以四苯基乙烯、咔唑、芘、噻咯为核心结构的 AIE 材料及其 OLED 器件的性能。第 3 章介绍了基于传统 TADF 发光材料的 OLED 器件的性能，以及一类集 AIE 和 TADF 特性于一体的聚集诱导延迟荧光（aggregation-induced delayed fluorescence，AIDF）材料及其 OLED 器件的性能。第 4 章重点介绍了新型的以空间电荷转移为机制的 TADF 材料，总体上分为有机小分子材料和高分子材料两部分进行描述。第 5 章总结了基于 AIE 材料的荧光/磷光混合型白光 OLED（white organic light-emitting diode，WOLED）。第 6 章介绍了具有圆偏振发光特性的 AIE 分子。第 7 章和第 8 章分别介绍了 AIE 材料在太阳能集光器和电致荧光变色器件领域的应用。

最后，著者感谢丛书总主编唐本忠院士，常务副总主编秦安军教授，科学出版社丛书策划编辑翁靖一等对本书出版的支持。感谢广东工业大学冯星教授（第 1、2 章），中国科学院长春应用化学研究所王利祥研究员、海南大学邵世洋教授（第 4 章），以及华南理工大学马东阁教授（第 5 章）对本书撰写工作的大力支持。感谢华南理工大学庄泽燕、徐静文、于茂兴和黄瑞山参与本书的撰写和校对工作。

由于时间仓促以及著者水平有限，书中难免存在疏漏与不足，恳请读者批评指正！

赵祖金

2023 年 2 月

于华南理工大学

目　录

总序
前言

第 1 章　有机发光二极管 ………………………… 1

1.1　OLED 器件结构 ………………………… 2
1.1.1　单层结构 ………………………… 2
1.1.2　双层结构 ………………………… 2
1.1.3　三层结构 ………………………… 3
1.1.4　多层结构 ………………………… 3
1.2　OLED 材料的分类 ………………………… 4
1.2.1　根据材料种类分类 ………………………… 4
1.2.2　根据发光类型分类 ………………………… 5
1.2.3　根据发光颜色分类 ………………………… 6
1.3　器件性能评价参数 ………………………… 7
1.3.1　发光亮度 ………………………… 7
1.3.2　启动电压和驱动电压 ………………………… 7
1.3.3　内/外量子效率 ………………………… 7
1.3.4　电流效率 ………………………… 8
1.3.5　功率效率 ………………………… 8
1.3.6　色域 ………………………… 8
1.3.7　寿命 ………………………… 8
1.4　三基色材料的商业之路 ………………………… 8
1.5　AIE 材料在 OLED 器件中的现状和发展趋势 ………………………… 9
参考文献 ………………………… 10

第 2 章　经典 AIE 材料及其 OLED 器件……11

2.1　四苯基乙烯基构建的 AIE 材料及光电器件……11

2.1.1　取代位置的影响……12

2.1.2　分子共轭长度的影响……14

2.1.3　推电子基团的影响……17

2.1.4　吸电子基团的影响……19

2.1.5　D-A 电子体系的影响……21

2.1.6　四苯基乙烯基构建的红光 AIE 材料……24

2.2　咪唑基构建的 AIE 材料及光电器件……29

2.3　芘基构建的 AIE 材料及光电器件……34

2.4　噻咯基构建的 AIE 材料及光电器件……38

参考文献……41

第 3 章　聚集诱导延迟荧光材料及其 OLED 器件……47

3.1　基于传统 TADF 发光材料的非掺杂 OLED……48

3.2　基于新型 AIDF 发光材料的非掺杂 OLED……52

3.3　结论与展望……59

参考文献……60

第 4 章　基于空间电荷转移的热活化延迟荧光材料及其 OLED 器件……66

4.1　有机小分子材料及光电器件……67

4.2　高分子材料及光电器件……77

4.3　结论与展望……87

参考文献……87

第 5 章　基于 AIE 材料的荧光/磷光混合型 WOLED……90

5.1　荧光/磷光混合型 WOLED 的典型结构……91

5.2　AIE 材料及其单色光 OLED……93

5.3　AIE 材料及其荧光/磷光混合型 WOLED……99

5.4　结论与展望……113

参考文献……113

第 **6** 章　圆偏振 **AIE** 分子……117

参考文献……122

第 **7** 章　太阳能集光器……124

参考文献……127

第 **8** 章　电致荧光变色器件……128

参考文献……132

关键词索引……133

有机发光二极管

随着信息时代的进一步发展，特别是 5G 时代的到来，人们对于显示技术的要求也逐渐提高，希望获得更鲜艳的颜色、更快的响应速度、更灵活多变的显示设备。与传统的液晶显示屏（liquid crystal display，LCD）相比，有机发光二极管（organic light-emitting diode，OLED）具有明亮的显示颜色，快的响应速度，接近180°的视野范围，小的能耗以及轻、薄、柔的特点，是新一代的显示技术[1]。

有机电致发光现象的研究始于 20 世纪 60 年代。1963 年，Pope 等[2]在蒽单晶上加载电压后，首次发现有机材料的电致发光现象。1987 年，Kodak 公司的邓青云（C. W. Tang）和范斯莱克（S. A. VanSlyke）[3]以小分子材料二元胺（diamine）和三（8-羟基喹啉）铝（Alq_3）作为有机发光层（emitting layer，EML），以铟锡氧化物（ITO）作为阳极空穴注入层（hole inject layer，HIL），镁银合金作为阴极电子注入层（electron inject layer，EIL），制备了第一个 OLED 器件，引发了世界各国研究者对 OLED 研究的热潮。

1990 年，J. H. Burroughes 等[4]发现了共轭聚合物高分子材料聚对苯乙炔［poly（*p*-phenylene vinylene），PPV］的电致发光现象，开启了将高分子聚合物应用于 OLED 的研究；1998 年，S. R. Forrest 等[5]通过将磷光材料 PtOEP 掺杂进荧光 OLED 中，打破了荧光材料三线态非辐射跃迁的限制，开发出磷光 OLED，至此，OLED 的理论内量子效率（internal quantum efficiency，IQE）可以达到 100%，被认为是第二代 OLED 材料。2009 年，C. Adachi 等[6]在 Sn^{4+}-porphyrin（卟啉）配合物首次观察到了电致激发下的热活化延迟荧光（thermally activated delayed fluorescence，TADF）现象，其通过热能使得三线态激子进行反向系间穿越（reverse intersystem crossing，RISC，又称反系间窜越）回到单线态，用于荧光发射。在不掺杂重金属原子的情况下，实现理论 IQE 达到 100%，极大地降低了器件成本，被认为是第三代 OLED 材料。2017 年，唐本忠院士和赵祖金教授[7]开发了一类具有聚集诱导延迟荧光（aggregation-induced delayed fluorescence，AIDF）特性的有机荧光材料，其在聚集状态下显示出显著的延迟荧光现象，可用于 OLED 器件，为探索新型 OLED 材料提供了一种新的策略。

1.1 OLED 器件结构

OLED 器件根据结构可分为单层结构、双层结构、三层结构和多层结构[8]。

1.1.1 单层结构

单层器件是由阳极和阴极以及发光层（EML）组成，当两极加载电压后，空穴和电子通过两极传输至 EML 复合发光（图 1-1）。

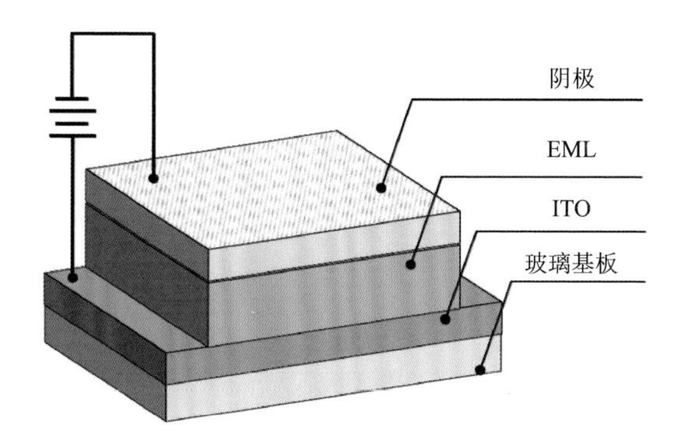

图 1-1　单层器件结构示意图

1.1.2 双层结构

双层器件是在 EML 一侧添加空穴传输层（hole transport layer，HTL）[图 1-2（a）]或电子传输层（electron transport layer，ETL）[图 1-2（b）]，其中 EML 也可以同时起到 ETL 或 HTL 的作用（图 1-2）。

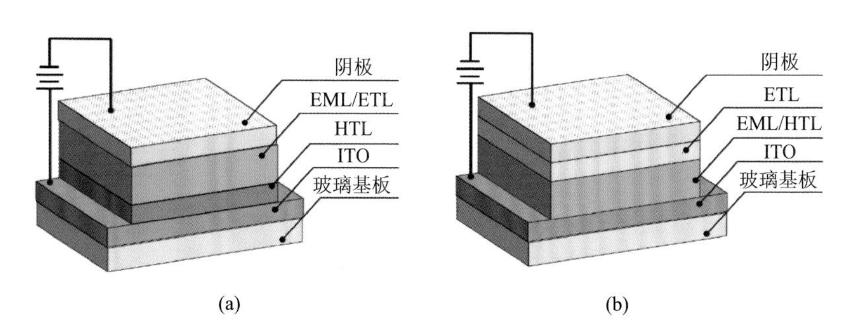

图 1-2　双层器件结构示意图

1.1.3　三层结构

三层器件结构是在 HIL、EIL 与 EML 之间添加 HTL 和 ETL，且 EML 不负责 HTL 或者 ETL 的功能（图 1-3）。HTL 和 ETL 的作用是调节空穴和电子的注入速度和注入量，以提高 OLED 器件的发光效率。

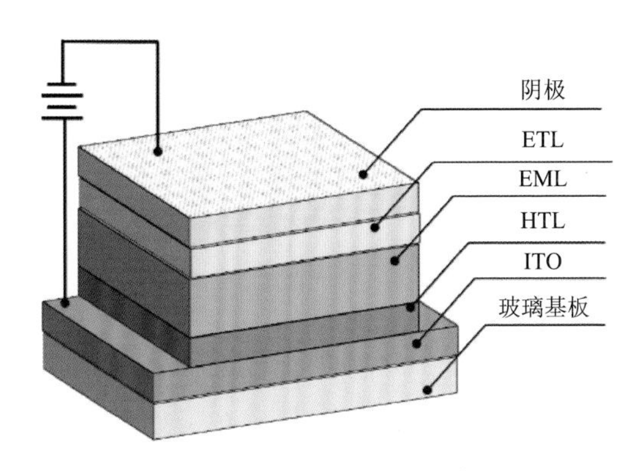

图 1-3　三层器件结构示意图

1.1.4　多层结构

多层器件结构分为两类，一类是通过在阳极与 HTL 之间添加阳极缓冲层，或是在阴极与 ETL 之间添加阴极缓冲层，以调节空穴和电子的注入量和传输效率［图 1-4（a)］；另一类是在 EML 中添加掺杂荧光层或掺杂磷光层，同时在 ETL 和 EML 之间添加一层空穴阻挡层（hole block layer，HBL）［图 1-4（b)］。由于空穴的迁移率普遍高于电子，为了防止空穴越过 EML 进入 ETL 造成光子猝灭，HBL 可以滞留部分空穴于 EML 中，以提高发光效率。

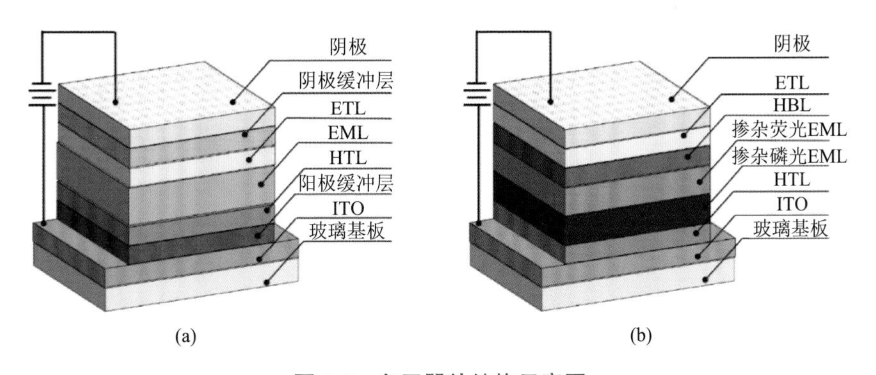

图 1-4　多层器件结构示意图

经过几十年的发展，OLED 器件在亮度、色纯度、发光效率、能耗、成本以及器件柔韧性方面都有了极大的提升。2019 年，LG 公司发布了首款可卷式 OLED 电视［图 1-5（a）］；Sony 公司推出了 4K 分辨率的 OLED 电视；华为发布了 Mate X 双折叠屏手机［图 1-5（b）］，其采用国产京东方科技集团股份有限公司提供的柔性 OLED 面板。随着各大厂商对于 OLED 产业的研发投入，未来将在平板显示、移动设备、智能家居乃至可穿戴设备上看到 OLED 的身影。

(a) (b)

图 1-5 可卷式 OLED 电视（a）和折叠屏手机（b）示例

1.2 OLED 材料的分类

1.2.1 根据材料种类分类

EML 是 OLED 的核心结构，根据 EML 的材料种类可以将其分为有机小分子材料和有机高分子材料[9, 10]。

1. 有机小分子材料

有机小分子发光材料包含小分子化合物和有机金属配合物两类。有机小分子材料种类丰富多样，其结构中常包含共轭杂环和各类发色团，如三芳胺基和蒽等。小分子化合物有很多优点，如良好的成膜性能、较高的载流子迁移率以及良好的热稳定性，可通过分子裁剪对分子的发射波段和发光性能进行调控。有机金属配合物同时具备高量子产率和高稳定性，但其制备成本高于纯有机小分子化合物。

2. 有机高分子材料

聚合物 OLED 也被称为 PLED（polymer light-emitting diode），自 1990 年观察到共轭聚合物 PPV 的电致发光现象后，研究者对聚合物在 OLED 上的应用进行了大量研究。现在 PLED 的研究主要集中在 PPV 及其衍生物、聚噻吩及其衍生物、聚噁二唑类、聚咔唑类衍生物以及聚芴类衍生物等。PLED 在大面积制备、成本及器件柔韧性上都有较大优势，但仍然存在材料合成提纯复杂、器件效率低等问题。

1.2.2　根据发光类型分类

根据材料的发光类型，可以将有机发光材料分为荧光（fluorescence）发光材料、三线态荧光（triplet-triplet fluorescence，TTF）发光材料、磷光（phosphorescence）发光材料和热活化延迟荧光（TADF）发光材料（图 1-6）[11-13]。

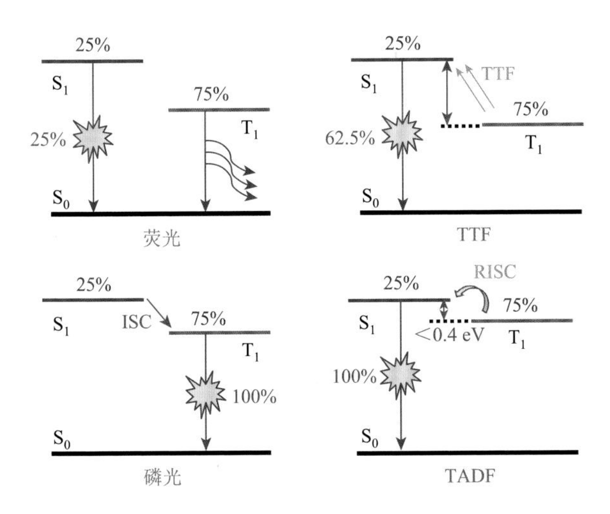

图 1-6　OLED 发光材料的类型：荧光、三线态荧光、磷光和热活化延迟荧光

1. 荧光发光材料

当有机荧光分子被电致激发后，将产生 25%的高能量单线态激子和 75%的较低能量的三线态激子。在荧光发光材料中，只有单线态激子具有纳秒（ns）级别的激子寿命进行辐射跃迁发出荧光。这导致荧光发光材料的 IQE 的理论极限值仅为 25%。

2. 三线态荧光发光材料

两个三线态激子可以通过三线态融合过程形成一个单线态激子，通过这个单线态激子获得能量并产生荧光，被称为三线态荧光。这可使得三线态荧光发光材料的 IQE 的理论极限值增加至 62.5%。

3. 磷光发光材料

通过引入重金属原子（如 Ir 和 Pt），以强自旋轨道耦合将三线态激子寿命降低至微秒（μs）级别，从而实现磷光发射。单线态激子通过系间穿越（inter-system crossing，ISC，又称系间窜越），到达三线态以发出磷光，其 IQE 理论极限值可达 100%。

4. 热活化延迟荧光发光材料

当单线态和三线态能级差（singlet-triplet energy splitting，ΔE_{ST}）较低时（<0.4 eV），可以借助热能使得三线态激子通过 RISC 回到单线态，用于荧光发射，这样发射的荧光被称为 TADF。TADF 光电器件在不引入重金属原子的条件下，可使得 IQE 理论极限值达到 100%，降低了器件成本，也使得分子设计更为灵活，是现阶段 OLED 材料的研究热点。

1.2.3 根据发光颜色分类

根据有机发光材料的颜色可以分为有机红光材料、有机绿光材料和有机蓝光材料[14, 15]。

1. 有机红光材料

虽然有机电致发光材料种类丰富多样，但作为三基色材料之一的有机红光材料较为稀少。主要原因是红光材料的能级差一般较小，因此易导致大量非辐射能量跃迁，其量子效率普遍偏低，且红光材料中常见的 π-π 相互作用以及分子间电荷迁移（charge transfer，CT）使得材料在成膜时易发生浓度猝灭现象。作为全彩显示中不可或缺的一部分，这通常是制约器件性能的因素之一。为了提升红光材料的性能，现在一般通过掺杂的方式来改善红光材料的发光效率、延长其寿命等。

2. 有机绿光材料

有机绿光材料是现阶段较为成熟的 OLED 材料，也是最早实现商业化应用的 OLED 材料。现在市场上的绿光 OLED 材料主要有香豆素染料 Coumarin 6 及其衍生物，部分二芳胺基蒽类衍生物和咔唑类衍生物也有较好的绿光发射性能，其性能普遍优于红光材料和蓝光材料。

3. 有机蓝光材料

有机蓝光材料的能级差一般较大，但宽的能级差使得载流子在传输的过程中需要克服更高的势垒，以致器件效率下降，稳定性变差。现在的有机蓝光材料及器件效率普遍低于红光和绿光材料及器件，且寿命远低于红光和绿光材料及器件。性能优异的蓝光材料依旧较少，因而蓝光材料是制约 OLED 全彩显示性能的重要因素，也是现在 OLED 材料与器件的研究热点。现阶段蓝光 OLED 材料主要有蒽类衍生物、芘类衍生物、芳胺类衍生物、芴类衍生物、咔唑类衍生物及其各类聚合物等。

1.3 器件性能评价参数

OLED 器件的性能高低主要从发光亮度、启动电压和驱动电压、内/外量子效率、电流效率、功率效率、色域以及寿命这些参数来评价[12, 16]。

1.3.1 发光亮度

发光亮度是评价 OLED 器件发光强度的指标，通常表示为每平方米的发光强度。早期设计的 OLED 器件发光亮度已超过 1000 $cd \cdot m^{-2}$，目前的 OLED 器件发光亮度已经可以达到上万坎德拉每平方米。

1.3.2 启动电压和驱动电压

启动电压和驱动电压是评价 OLED 器件光电性能的重要参数，启动电压一般指 OLED 发光亮度为 1 $cd \cdot m^{-2}$ 的电压值。最初在蒽单晶两极加载数百伏特的直流电压才能使有机物发光，如今 OLED 器件的启动电压已经降至几伏特。驱动电压指 OLED 器件正常工作时所需的电压，其与载流子的注入势垒和迁移率有关。

1.3.3 内/外量子效率

内量子效率（IQE）和外量子效率（external quantum efficiency，EQE）是评价 OLED 发光性能的重要指标参数，以百分数（%）表示。OLED 的 IQE 表示为器件产生的光子数与外电路中流动的载流子数的比值，其中荧光 OLED 的 IQE 表示为

$$\eta_{IQE} = \gamma \eta_r \eta_{PL}$$

式中，γ 为载流子传输平衡效率；η_r 为激子的光转化率；η_{PL} 为荧光量子效率。

EQE 可以表示为

$$\eta_{EQE} = \eta_{IQE} \eta_P$$

式中，η_P 为光输出耦合效率。

1.3.4 电流效率

电流效率（current efficiency，η_C）是衡量器件发光性能与电流密度之间关系的参数，表示为 OLED 器件发光强度与电流密度的比值，单位为 $cd \cdot A^{-1}$。

1.3.5 功率效率

功率效率（power efficiency，η_P）是衡量器件发光性能与输出功率之间关系的参数，表示输出光功率与输入功率的比值，单位为 $lm \cdot W^{-1}$。

1.3.6 色域

色域（color gamut）是评价显示设备鲜艳程度的指标，到目前为止，已经提出了几种颜色标准来评估器件的颜色性能，包括通用色彩标准（Standard Red Green Blue，sRGB）、美国国家电视标准委员会（National Television Standards Committee，NTSC）色域、数字电影倡导组织（Digital Cinema Initiatives，DCI）色域 DCI-P3 和国际电信联盟（International Telecommunication Union，ITU）提出的 Rec.2020 色域。采用白色发光二极管（white light-emitting diode，WLED）作为背光板的 LCD，其色域一般在 50% Rec.2020，而现在的采用滤色器阵列的 OLED 器件的色域可以达到大于 95% Rec.2020。

1.3.7 寿命

技术成熟的薄膜场效应晶体管（thin film transistor，TFT）LCD 的使用寿命可以长达 10 年以上，且性能不会有明显的下降。OLED 器件对水、氧气和温度较为敏感，而且在 OLED 器件中，蓝色材料的寿命仍然是一个重要的问题，随着新材料和新型器件的不断发展，蓝光 OLED 器件的寿命已经可以长达数万小时，而红光和绿光 OLED 器件的寿命已经可长达数十万小时。

1.4 三基色材料的商业之路

现阶段的三基色材料常应用于发光二极管（light-emitting diode，LED）、液晶显示屏（LCD）、量子点发光二极管（quantum dot light-emitting diode，QD-LED）、

微型发光二极管（micro light-emitting diode，Micro-LED）和 OLED 等显示器件及装备。LED 是以无机半导体材料（Ga、As、P、N 等形成的化合物）作为发光层，当空穴和电子在发光层复合后产生自发辐射的荧光。LCD 是基于 LED 技术，以附带的 WLED 作为背光板，通过液晶偏光来调整 RGB 三基色以实现全彩显示。QD-LED 是在 LED 的基础上，采用极其微小的半导体纳米晶体作为发光材料，通过不同种类和尺寸的量子点来调控发光颜色。但现在市场上的 QD-LED 显示面板还是采用 LCD 的结构，只是在背光源中采用量子点代替传统的无机半导体材料，提升了显示面板的色域。Micro-LED 是 LED 的微缩化和矩阵化，其通过将单个 LED 制作成 100 μm 以下，并制作成矩阵阵列与驱动电路连接，通过控制单个 LED 的颜色来实现全彩显示。Micro-LED 拥有 LED 的优点，且不需要背光板，但现阶段 Micro-LED 的检测监控和巨量转移等技术都尚未突破，因此其良品率和制造成本方面的问题都难以解决[17-19]。

OLED 利用有机发光材料作为发光层，在不需要背光板的情况下，器件通过电致激发自发辐射发光。在 RGB 三基色中，市场上的绿光和红光 OLED 器件的发光效率较好，蓝光 OLED 的发光性能较差，但随着研究人员的不断探索，蓝光 OLED 的性能已经基本能够满足商业应用[20]。

1.5　AIE 材料在 OLED 器件中的现状和发展趋势

随着几十年的科技发展，OLED 已经逐步在商业显示器件上崭露头角，2019 年更是 OLED 飞速发展的一年。从最早的第一代荧光 OLED 材料，到磷光 OLED 材料，再到现在热门的第三代 OLED 材料——TADF 材料，现阶段 OLED 材料已经满足了商用产品的基本需求，但仍然需要持续发展。当前，OLED 材料和器件的专利多数被国外公司所持有，国内高校、企业和研究机构需要持续努力，争取更多核心技术和专利。笔者认为，未来 OLED 会在以下几个方面得到进一步发展。

（1）进一步研发合成路线简单、成本低且性能高的 OLED 材料。

（2）提高蓝光材料的性能和寿命，使其更好地配合红光和绿光材料，提高 OLED 的总体性能。

（3）优化 OLED 器件结构，制作灵活和柔韧的设备，实现柔性可穿戴显示等功能，使 OLED 能满足各种条件和场合下的显示应用。

（4）进一步发展新类型的 OLED 材料，如把聚集诱导发光（aggregation-induced emission，AIE）材料表现出的 AIDF 现象运用于 OLED 器件的制备中，是一次具有重要意义的尝试[21, 22]。

参考文献

[1] 徐海燕. 浅谈 OLED 显示技术及其应用. 环球市场，2017，（20）：45-47.

[2] Pope M，Kallmann H P，Magnante P J. Electroluminescence in organic crystals. Journal of Chemical Physics，1963，38（8）：2042-2043.

[3] Tang C W，VanSlyke S A. Organic electroluminescent diodes. Applied Physics Letters，1987，51（12）：913-915.

[4] Burroughes J H，Bradley D D C，Brown A R，et al. Light-emitting diodes based on conjugated polymers. Nature，1990，347（6293）：539-541.

[5] Baldo M A，O'Brien D F，You Y，et al. Highly efficient phosphorescent emission from organic electroluminescent devices. Nature，1998，395（6698）：151-154.

[6] Endo A，Ogasawara M，Takahashi A，et al. Thermally activated delayed fluorescence from Sn^{4+}-porphyrin complexes and their application to organic light emitting diodes：a novel mechanism for electroluminescence. Advanced Materials，2009，21（47）：4802-4806.

[7] Huang J，Nie H，Zeng J，et al. Highly efficient nondoped OLEDs with negligible efficiency roll-off fabricated from aggregation-induced delayed fluorescence luminogens. Angewandte Chemie International Edition，2017，56（42）：12971-12976.

[8] 刘彭义，唐振方，孙汪典. 有机发光器件的研究进展及应用前景（综述）. 暨南大学学报：自然科学与医学版，2002，23（1）：66-73.

[9] 杨定宇，蒋孟衡，杨军，等. 有机电致发光材料研究进展. 西南民族大学学报：自然科学版，2006，32（6）：1231-1235.

[10] 黄飞，薄志山，耿延候，等. 光电高分子材料的研究进展. 高分子学报，50（10）：988-1046.

[11] Adachi C. Third-generation organic electroluminescence materials. Japanese Journal of Applied Physics，2014，53（6）：060101.

[12] Chen H W，Lee J H，Lin B Y，et al. Liquid crystal display and organic light-emitting diode display：present status and future perspectives. Light：Science & Applications，2018，7（3）：17168.

[13] Kondakov D Y. Characterization of triplet-triplet annihilation in organic light-emitting diodes based on anthracene derivatives. Journal of Applied Physics，2007，102（11）：114504.

[14] 安玲玲，邱晓伟，姜雪，等. 有机电致发光器件发光材料研究进展：蓝光和绿光材料. 山东化工，2017，46（14）：39-43.

[15] 柳滢春，郭建维，罗涛，等. 有机电致发光中的蓝光材料研究进展. 化工新型材料，2019，47（6）：30-34.

[16] 宋乔刚. 高效热活化延迟荧光 OLED 和近红外光探测器及其集成上转换发光器件研究. 长春：中国科学院长春光学精密机械与物理研究所，2019.

[17] 金一政，彭笑刚. 量子点显示——中国显示行业"换道超车"的曙光. 浙江大学学报（理学版），2016，43（6）：635-637.

[18] 李鹏飞，徐恩波，淡美俊. 近代显示技术综述. 电子制作，2018，14（37）：77-78.

[19] 郈建鹏，郭伟玲. Micro LED 显示技术研究进展. 照明工程学报，2019，30（1）：18-25.

[20] 彭骞，陈凯，沈亚非，等. 有机电致发光（OLED）材料的研究进展. 材料导报，2015，29（5）：41-56.

[21] Zhao Z，Lam J W Y，Tang B Z. Tetraphenylethene：a versatile AIE building block for the construction of efficient luminescent materials for organic light-emitting diodes. Journal of Materials Chemistry，2012，22（45）：23726-23740.

[22] Guo J，Zhao Z，Tang B Z. Purely organic materials with aggregation-induced delayed fluorescence for efficient nondoped OLEDs. Advanced Optical Materials，2018，6（15）：1800264.

经典 AIE 材料及其 OLED 器件

2001 年，唐本忠院士首次报道了一种反常的发光行为，一类荧光分子在稀溶液中不发光或微弱发光，而在聚集状态下发光显著增强，这种现象被命名为聚集诱导发光（AIE）[1]。其原因是分子内运动受限（restriction of intramolecular motions，RIM）抑制了大量非辐射能量跃迁，现在被认为是导致 AIE 现象的主要原因。因而从分子水平上引入或设计 AIE 基团被认为是最有效的解决聚集导致猝灭（aggregation-caused quenching，ACQ）现象的方法[2]。AIE 概念自提出以来[2-7]，世界上许多课题组着力开展了 AIE 方面的研究，发展出非常多的 AIE 体系，包括有机体系、无机-有机体系等，同时也有非常多的研究人员尝试从理论的角度解释 AIE 效应，并提出了很多机理，如构象平面化、*J* 聚集体生成、光诱导异构化、扭曲分子内电荷转移等[8-13]。与常规光学性质材料相比，AIE 性质材料具有非常多的优点，如固体状态下的高荧光强度和量子产率、高的热稳定性、抗光漂白性质、颜色可调等突出优点，因此，AIE 材料在有机电子学器件、生物检测、环境监测等方面显示出非常好的应用前景。包括中国、美国、新加坡、日本、韩国、西班牙等 20 多个国家的 1000 多名科研人员从事 AIE 方面的研究工作，加速了 AIE 研究的进程，并取得了显著的研究成果[14-16]。

随着光电器件与技术的发展，有机半导体材料及器件的效率和寿命得以提升和延长。以 OLED 为代表的有机光电子技术得到了迅猛发展，对有机光电材料提出了更高的要求。优化分子结构，设计合成稳定性好、量子产率高、传输性能优异的有机半导体材料，成为有机电子学专家、材料化学家等关注的焦点。AIE 材料因其稳定性好、固体荧光强度高等突出优点，已应用于 OLED 器件的开发[17-20]。

2.1 四苯基乙烯基构建的 AIE 材料及光电器件

四苯基乙烯（tetraphenylethylene，TPE）是一种经典的 AIE 分子（图 2-1），其最大的发光峰在 466 nm[21]，特别是功能化的四苯基乙烯基衍生物，通过引入不同取代基团，可构建具有不同发光颜色的高效发光材料。材料的结构决定材料的性质，取代基团的数目、位置、共轭链长等对聚集诱导发光材料的光物理性质、分子形貌等影响甚大，进而影响材料的器件性能。本章综合近十年已经报道的四苯基乙烯基有机发光材料，系统研究分子结构对光学性质的影响，以及这类高性能光学材料在光电器件中的应用，为设计合成新型的高性能的四苯基乙烯基衍生物并应用于OLED提供策略。

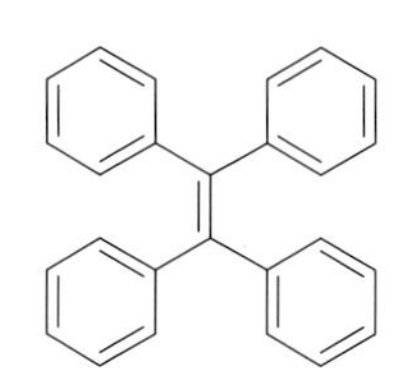

图 2-1 四苯基乙烯的分子结构

2.1.1 取代位置的影响

将两个四苯基乙烯基基团直接相连得到化合物BTPE，在晶体状态下，其最大发射峰在445 nm，而薄膜状态下则红移至499 nm，用其制备的有机电致发光器件的电流效率（η_C）高达7.26 $cd \cdot A^{-1}$（表2-1）[22]，远高于TPE的η_C（0.45 $cd \cdot A^{-1}$）[17]。为进一步调控分子结构，武汉大学李振课题组将不同性质的取代基团引入四苯基乙烯基基团不同取代位置，构造扭曲的分子立体构型，有效地调节了分子内π共轭长度，实现材料的发光颜色的有效调控[23]。如图2-2所示，在四苯基乙烯基的苯环间位分别引入甲基、异丙基、苯基或者咔唑基等基团，构建具有扭曲构型的立体有机发光分子MBTPE、IBTPE、Ph-BTPE和Cz-BTPE。分子模拟结构表明，与BTPE相比，由于这四种分子具有更扭曲的立体构型，获得更短的π共轭体系，最大荧光发射峰位于455～469 nm之间，相对于BTPE表现出明显的蓝移现象。将四个发光材料直接应用于OLED器件的发光层，可实现高效的蓝光发射（451～479 nm）。而且，随着取代基团体积的增加，器件的最大发光亮度（L_{max}）由1976 $cd \cdot m^{-2}$增加到9911 $cd \cdot m^{-2}$，最大的电流效率（$\eta_{C,max}$）由1.53 $cd \cdot A^{-1}$增加到3.74 $cd \cdot A^{-1}$。

表 2-1 取代位置对四苯基乙烯基构建的AIE材料及光电器件的影响

发光材料	λ_{EL}/nm	V_{on}/V	L_{max}/（$cd \cdot m^{-2}$）	$\eta_{P,max}$/（$lm \cdot W^{-1}$）	$\eta_{C,max}$/（$cd \cdot A^{-1}$）	$\eta_{ext,max}$/%	CIE坐标（x，y）
BTPE[a]	488	4.0	11180	—	7.26	3.17	—
MBTPE[b]	451	5.3	1976	0.98	1.53	1.3	（0.15，0.12）
IBTPE[b]	451	5.3	1127	1.43	1.86	1.7	（0.15，0.11）
Ph-BTPE[b]	467	5.3	6497	2.13	3.10	1.9	（0.16，0.19）
Cz-BTPE[b]	479	4.9	9911	2.55	3.74	1.9	（0.17，0.26）
OBTPE[c]	450	4.0	8586	6.7	1.57	—	（0.18，0.18）

续表

发光材料	λ_{EL}/nm	V_{on}/V	L_{max}/（$cd\cdot m^{-2}$）	$\eta_{P,max}$/（$lm\cdot W^{-1}$）	$\eta_{C,max}$/（$cd\cdot A^{-1}$）	$\eta_{ext,max}$/%	CIE 坐标（*x*，*y*）
*m*TPE-2*o*TPA[d]	443	4.0	4880	1.15	1.51	—	（0.16，0.13）
*m*TPE-2*m*TPA[d]	454	5.0	5480	1.49	1.92	—	（0.16，0.16）
*m*TPE-2*p*TPA[d]	445	2.4	5020	1.12	1.57	—	（0.16，0.15）

注：λ_{EL} 为最大电致发光波长；V_{on} 为 1 $cd\cdot m^{-2}$ 处的启动电压；L_{max} 为最大亮度；$\eta_{C,max}$ 为最大电流效率；$\eta_{P,max}$ 为最大功率效率；$\eta_{ext,max}$ 为最大外量子效率。

a. 器件结构为 ITO/NPB/BTPE/TPBi/Alq_3/LiF/Al；

b. 器件结构为 ITO/MoO_3(10 nm)/NPB(60 nm)/emitting layer(EML，发光层)(15 nm)/TPBi(35 nm)/LiF(1 nm)/Al；

c. 器件结构为 ITO/PEDOT∶PSS(50 nm)/NPB(30 nm)/EML(10 nm)/TPBi(35 nm)/Ca∶Ag；

d. 器件结构为 ITO/NPB(60 nm)/EML(20 nm)/TPBi(40 nm)/LiF(1 nm)/Al。

a：R = H(BTPE)
b：R = CH_3(MBTPE)
c：R = $CH(CH_3)_2$(IBTPE)
d：R = (Ph-BTPE)
e：R = (Cz-BTPE)
OBTPE

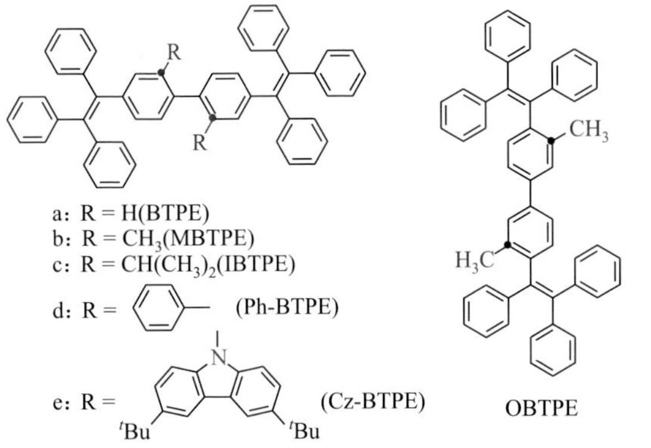

图 2-2 BTPE 衍生物的分子结构

进一步，李振课题组构建了 AIE 分子 MBTPE 和 OBTPE，对比了甲基在邻位和间位对目标分子的光谱性质、热稳定性、电子性质等的影响。光谱数据表明，两种化合物的固体荧光分别为蓝光（457 nm）和天蓝光（485 nm）。密度泛函理论计算结果表明，由于两个甲基分别在两个苯环的 3 位，获得更为扭曲的分子构型，进而观察到更低的玻璃化转变温度（88℃）；而甲基位于苯环的 2 位，分子则显示出更低的共轭程度。得益于其优异的 AIE 性能，两个分子均显示出强烈的蓝光电致发光性质，L_{max} 分别为 6289 $cd\cdot m^{-2}$ 和 8685 $cd\cdot m^{-2}$，$\eta_{C,max}$ 为 2.31 $cd\cdot A^{-1}$ 和 1.57 $cd\cdot A^{-1}$[24]。

在上述研究基础上，在四苯基乙烯基的两个苯环的间位引入三苯胺基团，通过调控三苯胺的邻位、间位和对位取代位置，李振课题组继续报道了 *m*TPE-2*o*TPA，*m*TPE-2*m*TPA 和 *m*TPE-2*p*TPA（图 2-3）[25]。对比发现，三类同分异构体均显示出 AIE 行为，其在溶液中不发光，而在聚集态或者固体下发出强烈的深蓝光（458～461 nm），且具有高的固态荧光量子效率（35%～40%）。据报道，在四苯基乙烯基的两个苯环的对位取代，制备的同分异构体分子则显示出绿光性质（512 nm）[26]。

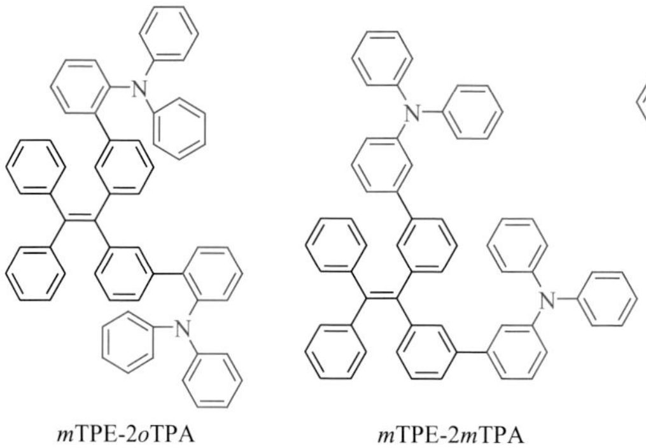

mTPE-2oTPA　　mTPE-2mTPA　　mTPE-2pTPA

图 2-3　*m*TPE 衍生物的分子结构

上述三种材料直接应用于发光器件的发光层，制备的电致发光器件展示出深蓝光，且具有较低的启动电压、较高的 η_C 和 η_P。另外，在四苯基乙烯基的邻位和间位进行取代，有利于获得高量子产率的深蓝发光材料；而在对位取代，则易导致荧光发射波长红移。

2.1.2　分子共轭长度的影响

四苯基乙烯作为 AIE 材料的明星分子，其功能化的四苯基乙烯衍生物也展现出优异的 AIE 性质。这类材料所表现出高效的光学性能，广泛应用于生物成像、有机电子学等。基于四苯基乙烯基，通过延长体系的 π 共轭，构建蓝光/绿光/黄光的 AIE 材料有很多报道[27-29]。

另外，研究表明：在四苯基乙烯基骨架与取代基团之间，通过增加桥连，扩展体系的 π 共轭长度，制备的 AIE 材料的最大发射波长可红移至 480～520 nm 之间[30]。例如，芴基是经典的蓝光基团，在芴衍生物的 2, 7 位引入四苯基乙烯，制备发光分子 TPEF。如图 2-4 所示，该化合物在溶液中不发光，在聚集态发出强烈的天蓝色荧光。进一步，将 TPEF 用于电致发光器件的发光层，显示出良好的天蓝光（478 nm），国际照明委员会坐标（Commission Internationale de I’Eclairage coordinates，CIE 坐标，即色度坐标）为（0.211，0.317）。L_{max} 为 2618 $cd \cdot m^{-2}$，$\eta_{C,\,max}$ 为 4.55 $cd \cdot A^{-1}$，最大 EQE 为 2.17%[31]。

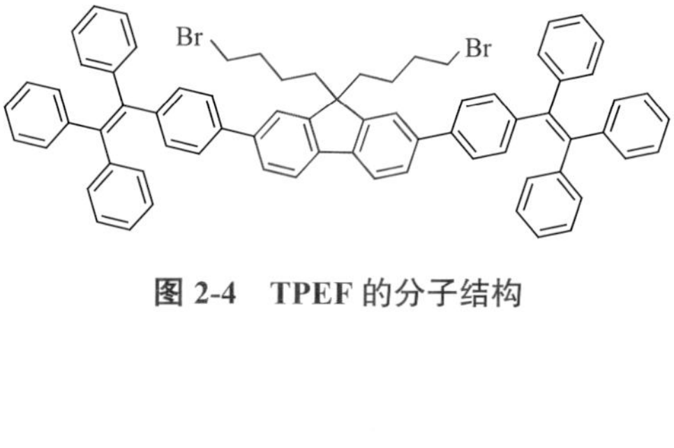

Br　Br

图 2-4　TPEF 的分子结构

基于芴基衍生物，逐步增加桥连芴基的数目，扩大体系的 π 共轭，朱明强课题组设计合成了 5 个芴桥连的化合物 F*n*-TPE（$n = 1 \sim 5$）（图 2-5）。研究表明，尽管分子长度增加，共轭长度变长，但是 5 个化合物在薄膜（或纳米颗粒）状态下最大发射峰与溶液状态下相比均表现出不同程度（大概 20 nm）的蓝移，而用于有机发光器件的发光层，电致发光的最大发射峰在 468～488 nm。研究表明，随着 π 共轭体系的增加，荧光的最大发射峰均未出现明显的变化，但是应用于有机发光器件，器件的 L_{max} 等均有不同程度的下降，可能是由于增加共轭体系的同时，也进一步影响了材料的成膜性质[32]。

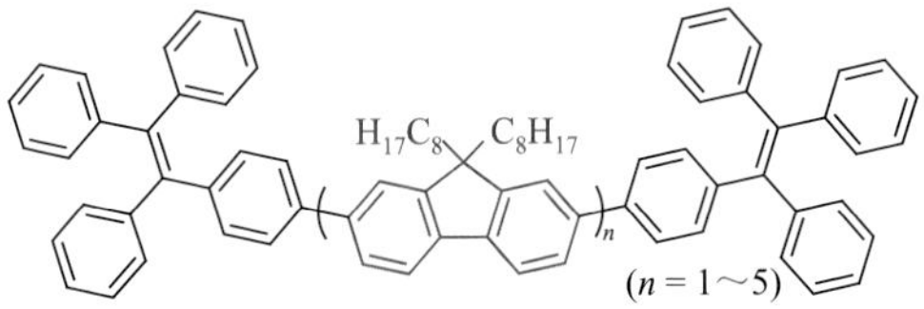

$H_{17}C_8$ C_8H_{17} ($n = 1 \sim 5$)

图 2-5 F*n*-TPE 的分子结构

由于四苯基乙烯基的存在，分子的空间立体效应有效抑制了分子间的相互作用，有利于分子在聚集态荧光增强。在上述实例中进行分子裁剪，在芴的 9 位引入两个咔唑基团，2, 2 位引入芘环、蒽环、四苯基乙烯基等，进一步增加分子的空间效应。对比发现，由于四苯基乙烯基的存在，化合物 BTPEBCF 显示出典型的 AIE 现象，其固体最大的发射波长在 487 nm，固体荧光量子效率高达 100%，而由于芘环的存在，化合物 BPyBCF 则是 ACQ 化合物，在薄膜中显示出深蓝荧光（449 nm），量子产率从溶液的 80%下降到固体状态下的 61%（图 2-6）。

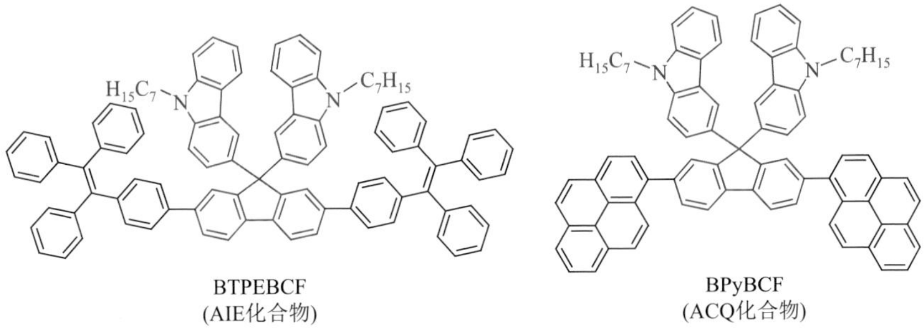

$H_{15}C_7$ N N C_7H_{15}

BTPEBCF
(AIE化合物)

$H_{15}C_7$ N N C_7H_{15}

BPyBCF
(ACQ化合物)

图 2-6 BTPEBCF 和 BPyBCF 的分子结构

进一步，将两种材料直接应用于不掺杂的 OLED 器件的发光层，通过优化的器件结构，化合物 BPyBCF 可用来构筑优异的蓝光器件，而化合物 BTPEBCF 则能用于制备绿光有机发光器件。对比器件参数发现，与 BPyBCF 分子相比，具有 AIE 性质的 BTPEBCF 材料能够有效地提高电致发光器件的性能。例如，如表 2-2 所示，与 BPyBCF 相比，器件 ITO/NPB(60 nm)/BTPEBCF(20 nm)/TPBi(40 nm)/LiF(1 nm)/Al(100 nm)的 L_{max}、$\eta_{P,max}$、EQE 等参数均有明显的提升[33]。

表 2-2　分子共轭长度对四苯基乙烯基构建的 AIE 材料及光电器件的影响

发光材料	λ_{EL}/nm	V_{on}/V	L_{max}/（cd·m^{-2}）	$\eta_{P,max}$/（lm·W^{-1}）	$\eta_{C,max}$/（cd·A^{-1}）	$\eta_{ext,max}$/%	CIE 坐标（x, y）
TPEF[a]	478	4.4	2618	—	4.55	2.17	（0.21，0.32）
F1-TPE[b]	468	5.8	1300	1.0	2.6	—	—
F2-TPE[b]	468	5.5	1100	0.55	1.5	—	—
F3-TPE[b]	488	6.4	1050	0.5	1.6	—	—
F4-TPE[b]	476	6.2	1050	0.6	1.8	—	—
F5-TPE[b]	480	4.8	120	0.06	0.2	—	—
BTPEBCF[c]	508	5.5	13760	2.8	7.2	2.6	（0.24，0.42）
BPyBCF[c]	468	4.2	10160	2.5	4.8	2.3	（0.17，0.19）
PTPE[d]	520	4.6	13700	6.4	11	3.5	（0.27，0.50）
TPE-4SF[d]	536	4.4	25000	5.8	10	3.1	（0.29，0.52）
TPE-4TPA[d]	536	3.4	14100	7.8	8.8	2.7	（0.34，0.55）

a. 器件结构为 ITO/PEDOT：PSS(40 nm)/TPEF(60 nm)/OXDPPO(20 nm)/Ca(5 nm)/Al(100 nm)；
b. 器件结构为 ITO/PEDOT(40 nm)/Fn-TPE(50 nm)/TPBi(40 nm)/LiF(1 nm)/Al(100 nm)；
c. 器件结构为 ITO/NPB(60 nm)/BArBCF(20 nm)/TPBi(40 nm)/LiF(1 nm)/Al(100 nm)；
d. 器件结构为 ITO/NPB(60 nm)/emitter(20 nm)/TPBi(40 nm)/LiF(1 nm)/Al(100 nm)。

同样地，基于明星分子四苯基乙烯，通过分子设计，引入多个四苯基乙烯基基团、三苯胺基等（图 2-7），有效地扩展体系的 π 共轭，制备的系列分子均显示出良好的热稳定性、优异的天蓝光或绿光性质和高的量子产率，可以直接用来作为 OLED 的发光层。通过真空蒸镀的方法，制备出性能优异的有机光学器件，并表现出良好的色纯度和长寿命[34]。

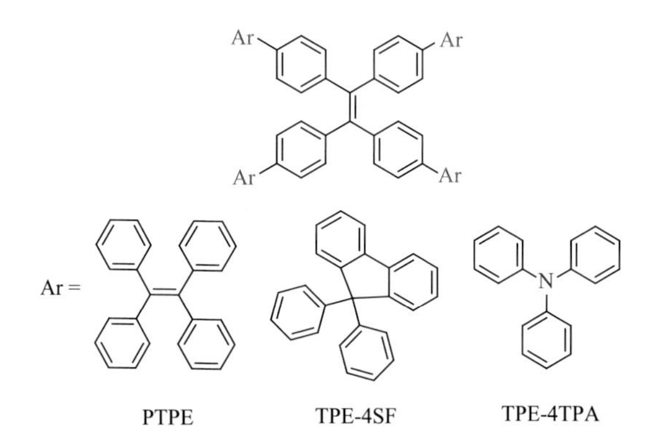

图 2-7　PTPE、TPE-4SF 和 TPE-4TPA 的分子结构

2.1.3　推电子基团的影响

在分子的设计方面构建长波段的有机发光材料主要有构建电子推拉体系、扩大体系的共轭等策略。取代基团的电子效应将极大地影响材料的光色。例如，将四苯基乙烯的两个苯环替换为咔唑等，构建的类四苯基乙烯 AIE 材料 DCDPE（图 2-8），均展示出优异的绿光性能和电致发光性质，其最大的电致发光发射峰位于 512 nm。另外，由于咔唑具有空穴传输能力，在器件的制作中，省略空穴传输层，将 DCDPE 分子直接用于发光层和空穴传输层，器件的 L_{max}、$\eta_{C,max}$、$\eta_{P,max}$ 等发光性能均提升了 2～3 倍[35]，如表 2-3 所示。

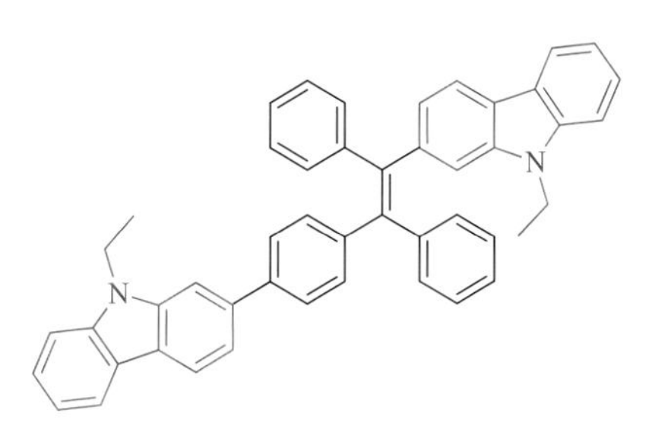

图 2-8　DCDPE 的分子结构

表 2-3　推电子基团对四苯基乙烯基构建的 AIE 材料及光电器件的影响

发光材料	λ_{EL}/nm	V_{on}/V	L_{max}/(cd·m^{-2})	$\eta_{P,max}$/(lm·W^{-1})	$\eta_{C,max}$/(cd·A^{-1})	$\eta_{ext,max}$/%	CIE 坐标(x, y)
DCDPE	512[a]	5.0	1410	1.7	1.7	1.5	—
	512[b]	4.5	5060	3.4	5.7	2.3	—
TPCa[c]	472	4.4	7160	1.2	1.9	1.3	—
TPE-Ca[d]	492	4.4	5130	2.0	3.9	1.7	—
TPE-2Ca[d]	462	3.3	6179	2.51	2.80	—	(0.17，0.21)
Cz-1TPE[e]	492	3.5	2585	2.1	3.5	—	(0.18，0.34)
Cz-2TPE[e]	500	3.5	1353	3.9	4.9	—	(0.20，0.40)
Cz-3TPE[e]	492	3.3	986	2.2	3.1	—	(0.20，0.39)
Cz-4TPE[e]	492	3.6	2088	1.8	3.1	—	(0.20，0.38)
Cz-2TPE(2, 7)[e]	492	4.2	1129	3.1	5.5	—	(0.20，0.38)

a. 器件结构为 ITO/NPB(40 nm)/DCDPE(20 nm)/TPBi(10 nm)/Alq_3(30 nm)/LiF/Al(200 nm)；

b. 器件结构为 ITO/DCDPE(60 nm)/TPBi(10 nm)/Alq_3(30 nm)LiF/Al(200 nm)；

c. 器件结构为 ITO/NPB(50 nm)/LEL(20 nm)/TPBi(30 nm)/LiF(1 nm)/Al(100 nm)；

d. 器件结构为 ITO/NPB(40 nm)/TPE-2Cz(10 nm)/TPBi(10 nm)/Alq_3(30 nm)/LiF(1 nm)/Al(100 nm)；

e. 器件结构为 ITO/PEDOT(40 nm)/Cz-TPEs(50 nm)/TPBi(40 nm)/LiF(1 nm)/Al。

将四苯基乙烯基的一个苯环替换成咔唑基团，合成制备的发光分子 TPCa，最大的发射波长为 465 nm，表现出大于 55.7%的量子产率[36]；以四苯基乙烯基为核，引入一个具有强推电子性质的咔唑基团，则该类化合物固体状态下表现出深蓝光性质（468 nm），且量子产率接近 100%[37]；而引入两个咔唑基团构筑的 TPE-2Cz 发光分子，其最大的发光波长在 464 nm，但是最大的量子产率只有 20%，与 1-取代咔唑 TPE-Ca 的量子产率相比大大下降[38]；而将四个咔唑基团引入 TPE 骨架，这类分子在聚集态的最大发射波长的中心大约 445 nm，与 1-取代的咔唑分子相比蓝移了 23 nm[39]，这可能是由咔唑的强推电子性质导致的，可以将这类分子直接应用于 OLED 器件的发光层（图 2-9）。进一步将二苯胺、苯萘胺等吸电子（拉电子）基团引入四苯基乙烯基中，也能观察到相似的实验现象[40, 41]。

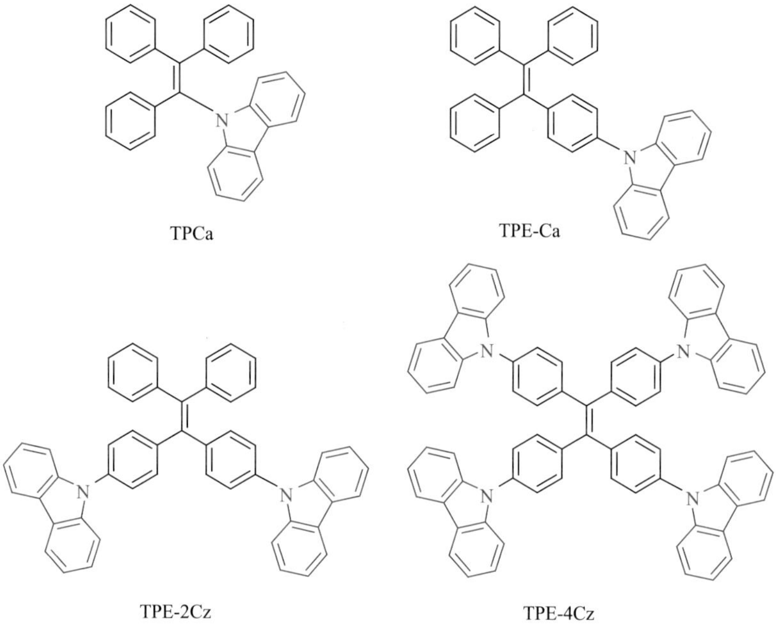

TPCa　TPE-Ca　TPE-2Cz　TPE-4Cz

图 2-9　TPCa、TPE-Ca、TPE-2Cz 和 TPE-4Cz 的分子结构

相反，以咔唑为核，在咔唑的 3 位，3, 6 位，2, 7 位，1, 3, 6 位和 1, 3, 6, 8 位分别引入四苯基乙烯基基团，构建了发光分子 Cz-nTPE，（n = 1～4）。如图 2-10 所示，5 种化合物均为 AIE 分子，而且随着四苯基乙烯基数目的增加，热稳定性增加，另外，尽管四苯基乙烯基数目增加，但是荧光光谱最大发射峰变化不明显（$\lambda_{em, max}$ = 483～488 nm），量子产率却提升了 2～3 倍。另外，5 种分子展示出氧气敏感性，可能是四苯基乙烯基基团在光照下发生了关环反应[42]。

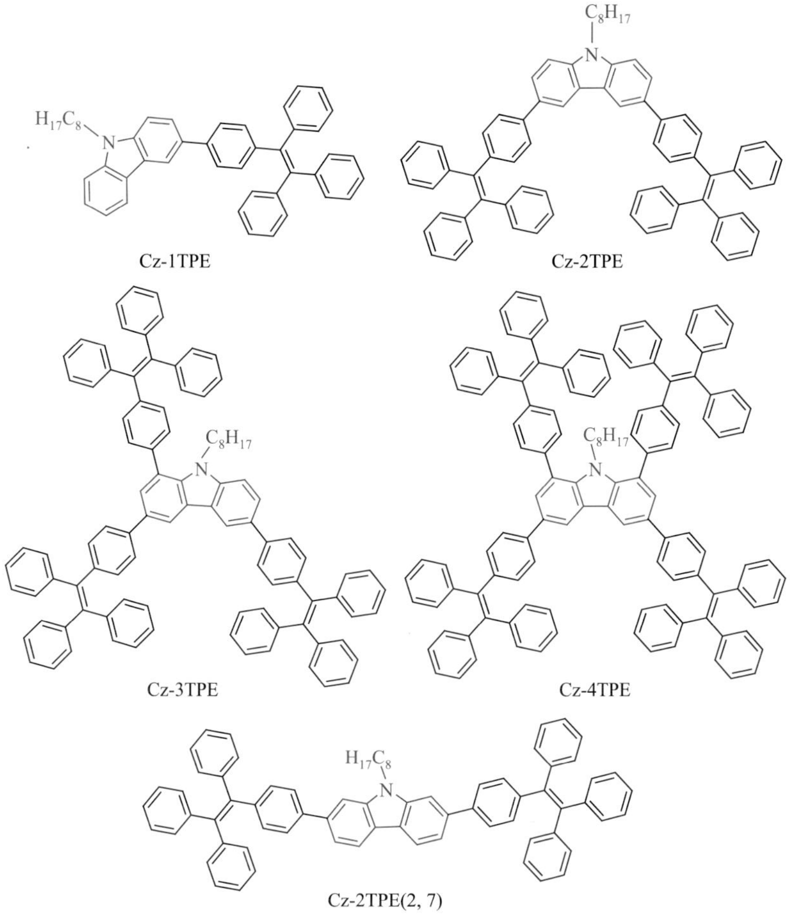

Cz-1TPE　Cz-2TPE

Cz-3TPE　Cz-4TPE

Cz-2TPE(2, 7)

图 2-10　Cz-*n*TPE 的分子结构

2.1.4　吸电子基团的影响

相反地，将具有强吸电子能力的二苯基硼基团引入四苯基乙烯基基团，构筑的 TPEDMesB 发光分子在溶液状态下发出很弱的荧光，而在聚集态或者薄膜态则显示出天蓝色荧光，其薄膜状态最大的发光波长在 489 nm，量子产率接近 100%[43]；继续增加吸电子基团的个数，引入两个二苯基硼基团，设计合成发光分子 TPE-DB，其同样展现出明显的 AIE 现象，但是无论在溶液还是薄膜状态下，荧光均具有一定的红移现象（固态下最大的发光波长在 510 nm，量子产率为 86%）（图 2-11）[30]。尽管更多数目的二苯基硼基团取代的四苯基乙烯基衍生物尚未被发现，但可以推测，随着强吸电子基团数目的增加，目标化合物的荧光可能发生更大的红移。

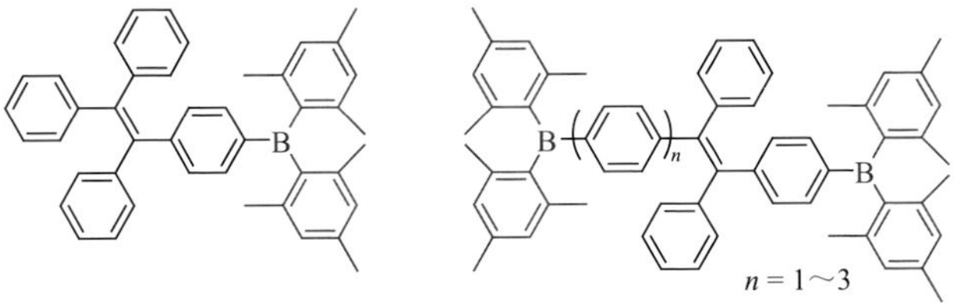

TPEDMesB　　TPE-DB　　$n = 1\sim3$

图 2-11　TPEDMesB 和 TPE-DB 的分子结构

将缺电子的二苯基硼基团引入四苯基乙烯基骨架，构筑的系列含硼原子的发光分子具有低的最低未占分子轨道（LUMO），可能同时具有电子传输性质和发光性质。唐本忠课题组尝试将 TPEDMesB、TPE-DB、TPE-BPDB 和 TPE-TPDB 四种 AIE 材料分别用于 OLED 的发光层和电子传输层。相关电致发光性质如表 2-4 所示。

表 2-4　吸电子基团对四苯基乙烯基构建的 AIE 材料及光电器件的影响

发光材料	λ_{EL}/nm	V_{on}/V	L_{max}/（$cd \cdot m^{-2}$）	$\eta_{P,max}$/（$lm \cdot W^{-1}$）	$\eta_{C,max}$/（$cd \cdot A^{-1}$）	$\eta_{ext,max}$/%
TPEDMesB[a]	496，512	6.3	5581	3.4	5.8	2.3
TPE-DB[b]	521	4.9	38430	—	6.5	2.3
TPE-BPDB[b]	508	5.5	26070	—	5.1	2.0
TPE-TPDB[b]	485	4.1	46030	—	5.1	2.6
TPEDMesB[c]	496，512	6.3	5170	3.2	7.1	2.7
TPE-DB[d]	525	3.9	2832	—	13.5	4.6
TPE-BPDB[d]	518	8.1	521	—	4.5	1.7
TPE-TPDB[d]	499	8.4	406	—	3.1	1.3

a. 器件结构为 ITO/NPB(60 nm)/TEPDMesB(20 nm)/TPBi(40 nm)/LiF(1 nm)/Al(100 nm)；
b. 器件结构为 ITO/HATCN(20 nm)/NPB(40 nm)/emitters(20 nm)/TPBi(40 nm)/LiF(1 nm)/Al（100 nm）；
c. 器件结构为 ITO/NPB(60 nm)/TPEDMesB(60 nm)/LiF(1 nm)/Al(100 nm)；
d. 器件结构为 ITO/HATCN(20 nm)/NPB(40 nm)/emitters(60 nm)/LiF(1 nm)/Al(100 nm)。

对比发现，将四类材料用于 OLED 器件的发光层，均显示出明亮的天蓝光或绿光，其中四苯基乙烯基骨架中只含一个二苯基硼基取代基团，器件的 L_{max} 为 5581 $cd \cdot m^{-2}$，随着取代基团的增加，器件的发光亮度增加了 5～8 倍，其中 TPE-DB 用于发光层，其 OLED 器件显示出天蓝光，L_{max} 为 46030 $cd \cdot m^{-2}$。将上述四类材料直接用于 OLED 器件的电子传输层，尽管四种器件的发光亮度降低，但是 $\eta_{C,max}$ 有明显的提高，可能是由于缺电子的二苯基硼基的存在，降低材料的 LUMO 能级，有利于电子从 LiF/Al 注入电子传输层（发光材料）。此外，上述 8 个 OLED 器件的启动电压在 3.9～8.4 V，当材料作为 OLED 器件的电子传输材料时，其最大启动电压为 8.4 V[30]。

2.1.5 D-A 电子体系的影响

咔唑基团是一种优秀的电子传输基团，同时也是良好的电子给体；硼原子具有缺电子性质，二/三苯基硼烷是强的电子受体，基于四苯基乙烯单元，调控分子的共轭长度、取代位置等，山西大学施和平课题组通过构建系列电子推拉体系，系统研究了强的电子推拉效应对 AIE 材料的光电性能的影响。

首先，以 TPE-carbazole（咔唑）为核，在苯环的间位、对位引入二/三苯基硼单元，设计合成了新型的 *p*-DPDECZ、*p*-DBPDECZ、*m*-DPDECZ 和 *m*-DBPDECZ 四种材料（图 2-12）。热稳定分析数据表明：间位取代的分子（*m*-DPDECZ 和 *m*-DBPDECZ）的热稳定性大于对位取代的分子（*p*-DPDECZ、*p*-DBPDECZ）。光谱数据表明：上述四种材料均具有 AIE 性质。进一步比较发现，在四苯基乙烯基基团引入强的电子推拉基团，与四苯基乙烯分子相比，发光材料有 20～30 nm 的红移，四种材料均发出天蓝光或绿光，但光电性能方面有较大的提升。例如，将 *p*-DBPDECZ 用于器件的发光层，其 L_{max}、$\eta_{C,max}$ 和 EQE 分别为 65150 cd·m^{-2}、8.60 cd·A^{-1} 和 3.28%，性能远优于常规的光电器件（表 2-5）[44]。

表 2-5 D-A 电子体系对四苯基乙烯基构建的 AIE 材料及光电器件的影响

发光材料	λ_{EL}/nm	V_{on}/V	L_{max}/(cd·m^{-2})	$\eta_{P,max}$/(lm·W^{-1})	$\eta_{C,max}$/(cd·A^{-1})	$\eta_{ext,max}$/%	CIE 坐标 (x, y)
p-DPDECZ[a]	524	4.8	30210	5.43	9.96	2.73	(0.25, 0.52)
p-DBPDECZ[a]	513	4.2	65150	5.07	8.60	3.28	(0.23, 0.46)
m-DPDECZ[a]	489	4.9	14980	0.99	2.53	1.26	(0.19, 0.30)
m-DBPDECZ[a]	500	5.2	16410	2.57	4.49	2.16	(0.20, 0.34)
BBDCZPD[b]	493	5.2	5406	—	5.34	—	—
TPE-FB[c]	494	4.3	8707	2.87	4.04	1.78	(0.199, 0.319)
DPE-BFDB[d]	530	5.0	33610	5.9	10.9	3.6	(0.29, 0.53)
TPE-BFDB[d]	497	3.2	92810	8.7	12.2	5.3	(0.20, 0.37)

a. 器件结构为 ITO/HATCN(20 nm)/NPB(40 nm)/emitter（20 nm)/TPBi(40 nm)/LiF(1 nm)/Al(80 nm)；
b. 器件结构为 ITO/HATCN(40 nm)/NPB(40 nm)/BBDCZPD(20 nm)/TPBi(40 nm)/LiF(1 nm)/Al(80 nm)；
c. 器件结构为 ITO/NPB(60 nm)/TPE-FB(20 nm)/TPBi(40 nm)/LiF(1 nm)/Al；
d. 器件结构为 ITO/HATCN(20 nm)/NPB(40 nm)/emitters(20 nm)/TPBi(40 nm)/LiF(1 nm)/Al(100 nm)。

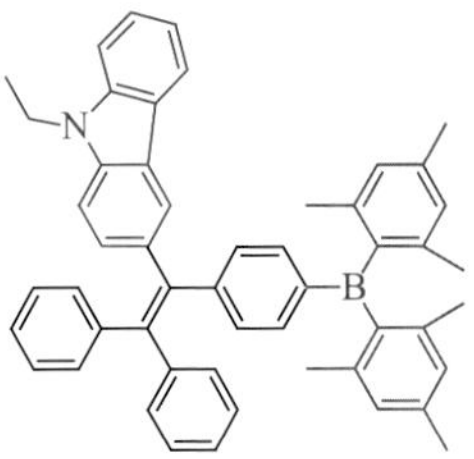

p-DPDECZ 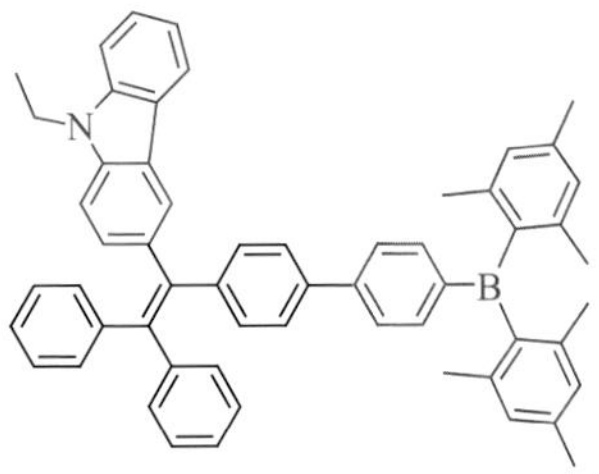 *p*-DBPDECZ

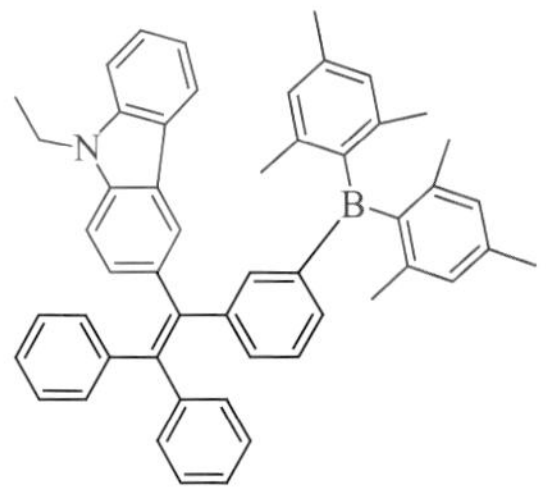

m-DPDECZ 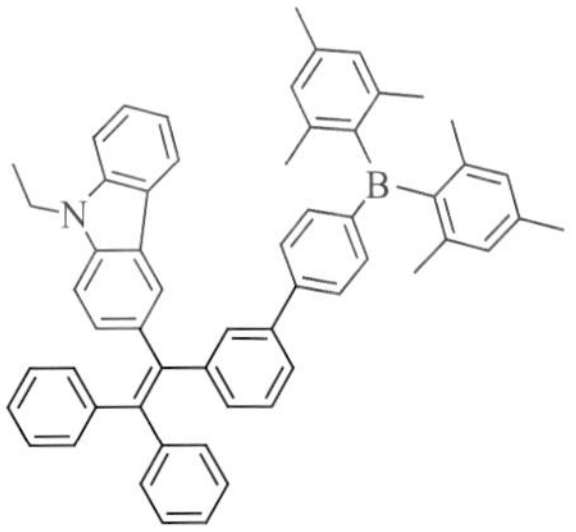 *m*-DBPDECZ

图 2-12 *p*-DPDECZ、*p*-DBPDECZ、*m*-DPDECZ 和 *m*-DBPDECZ 的分子结构

有意思的是，以四苯基乙烯为核，逐步引入咔唑和二苯基硼基团，平衡电子传输能力，设计合成发光材料 BBDCZPD（图 2-13）。荧光光谱表明该材料显示出优良的聚集诱导蓝光性质，固体状态下的最大发射峰位于 468 nm。然而将 BBDCZPD 制备成非掺杂的发光器件，电致发光器件的最大发射波长红移至 493 nm，启动电压为 5.2 V，L_{max}、$\eta_{C,\,max}$ 分别为 5406 $cd \cdot m^{-2}$、5.34 $cd \cdot A^{-1}$[45]。

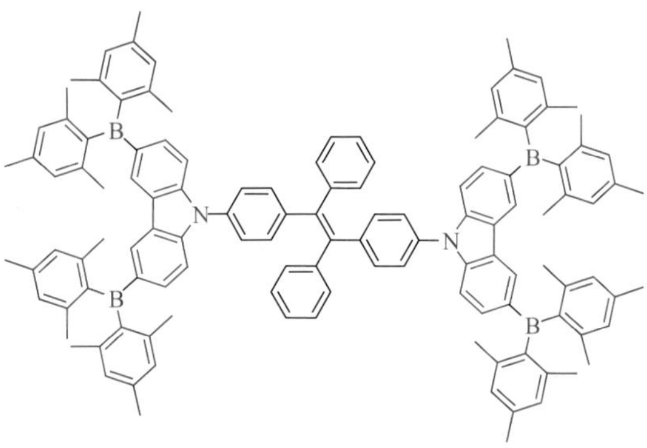

图 2-13 BBDCZPD 的分子结构

相似地，以芴为桥，分别在芴环的 9, 9 位引入四苯基乙烯和二苯基硼单元，构建 AIE 分子 TPE-FB（图 2-14），该材料在固体状态下显示出深蓝光（481 nm），且具有可逆的力致变色性质，通过研磨或者加热，材料的发光从深蓝光（454 nm）变成天蓝光（481 nm），研磨后的样品在四氢呋喃气氛中又回到了深蓝光。同时，在非掺杂的光电器件应用中，此类材料显示出天蓝光（494 nm），其 L_{max}、$\eta_{C,max}$、$\eta_{P,max}$ 和最大 EQE 分别为 8707 $cd \cdot m^{-2}$、4.04 $cd \cdot A^{-1}$、2.87 $lm \cdot W^{-1}$ 和 1.78%[46]。

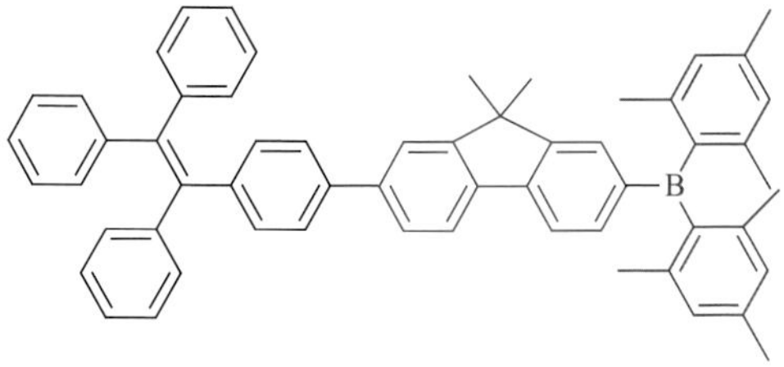

图 2-14　TPE-FB 的分子结构

以四苯基乙烯为核，以芴为桥，调节四苯基乙烯与二苯基硼烷的距离，调控分子间的共轭长度，设计合成了 DPE-BFDB 和 TPE-BFDB 两种发光分子（图 2-15）。荧光光谱性质表明，两种分子均为 AIE 分子，薄膜状态下，DPE-BFDB 的最大荧光发射峰在 519 nm，而 TPE-BFDB 最大发射峰在 486 nm，相比于 DPE-BFDB 蓝移了 33 nm，这可能是由于分子共轭长度增加，推拉电子能力减弱，分子内电荷转移能力降低。两类分子应用于非掺杂的 OLED 器件的发光层均表现出优异的光电性能。特别地，TPE-BFDB 材料的 L_{max}、$\eta_{C,max}$、$\eta_{P,max}$ 和最大 EQE 分别为 92810 $cd \cdot m^{-2}$、12.2 $cd \cdot A^{-1}$、8.7 $lm \cdot W^{-1}$ 和 5.3%[47]。

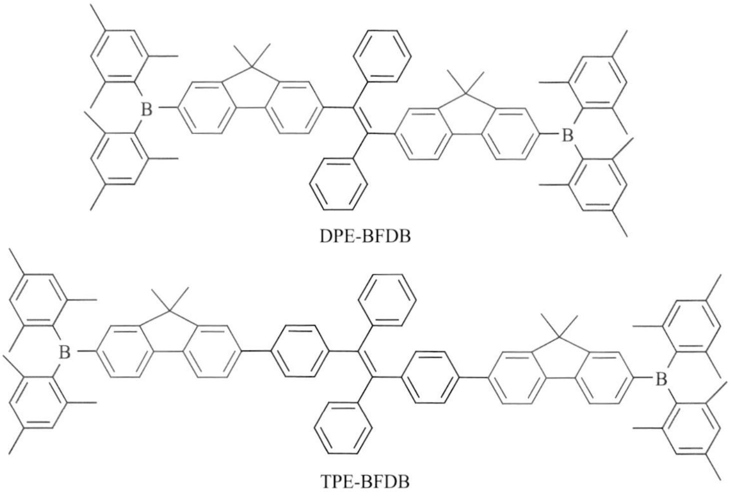

DPE-BFDB

TPE-BFDB

图 2-15　DPE-BFDB 和 TPE-BFDB 的分子结构

2.1.6 四苯基乙烯基构建的红光 AIE 材料

在四苯基乙烯体系中，构建蓝光/绿光 AIE 材料比较容易，但是基于四苯基乙烯基构建红光甚至近红外的 AIE 分子的报道却很少。构建红光材料常见的手段是构建强的电子推拉体系，以期获得红光/近红外光发光材料。这里，四苯基乙烯基基团、噻吩、三苯胺等单元作为电子给体，苯并噻二唑、氰基等作为常见的电子受体；同时，四苯基乙烯基的引入，使目标分子具有良好的 AIE 性质[48-50]。

苝酰亚胺衍生物（perylenediimide，PDI）是一类非常稳定的红光/近红光荧光材料，广泛应用于有机太阳能电池、生物荧光成像等领域。其大的 π 共轭体系，容易在高浓度溶液或者聚集态发生荧光猝灭现象，限制了其在光电器件、分子探针中的应用。为提升其荧光性质，整合具有 AIE 性质的基团和 PDI，制备 PDI 基聚集诱导荧光材料，是一种便捷的分子设计策略。华中科技大学朱明强课题组将 4 个四苯基乙烯引入 PDI，构筑的 TDI-4TPE 和 TDI-O-4TPE 的发光材料具有明显的 AIE 现象（图 2-16）。其最大的发射波长分别在 731 nm 和 697 nm，聚集态（正己烷溶液）的量子产率分别为 39%和 84%，与溶液状态（*N*, *N*-二甲基甲酰胺）相比均显著提升[51]。

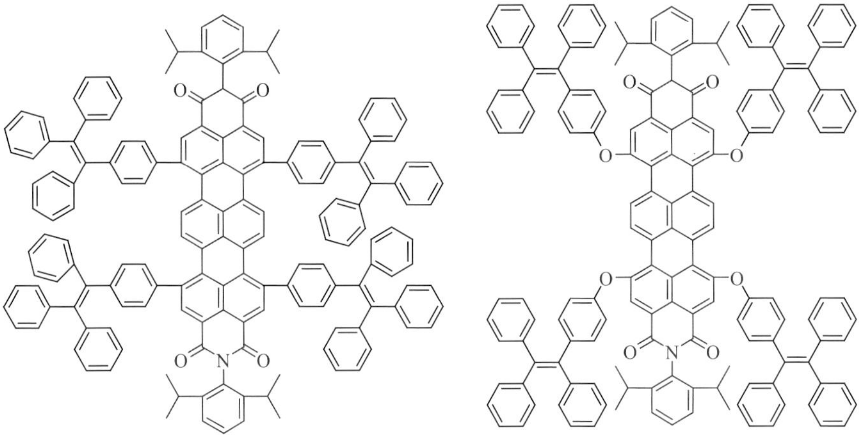

TDI-4TPE　　TDI-O-4TPE

图 2-16　苝酰亚胺衍生物的分子结构

进一步，唐本忠课题组系统比较了在三苯基乙烯中引入不同数量苝二酰亚胺单元对目标分子的荧光性质、电学性质的影响。研究表明，随着苝二酰亚胺的增加，化合物显示出聚集增强的发光特性，固体状态下发射波长由 677 nm（Tri-1PDI）红移至 680 nm（Tri-3PDI），但是量子产率却提高了三倍。其中，Tri-3PDI 的最大荧光量子效率高达 30%，电子迁移率超过 0.01 $cm^2 \cdot V^{-1} \cdot s^{-1}$，是所有报道（2018 年以来）的具有近红外发射 AIE 材料中的最高值（图 2-17）[52]。

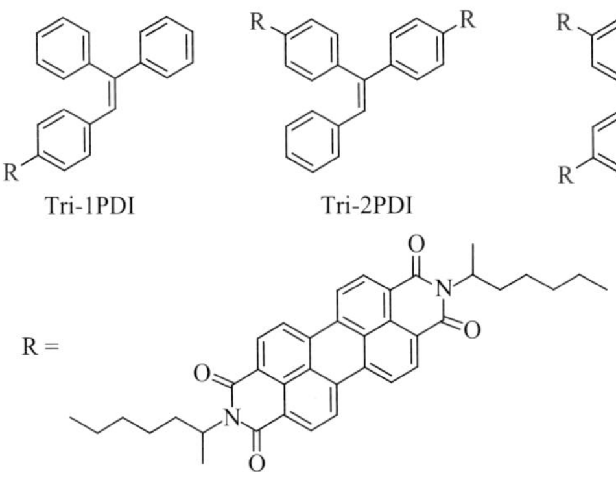

Tri-1PDI　Tri-2PDI　Tri-3PDI

R =

图 2-17　Tri-PDI 的分子结构

BTPE 是一种高效的天蓝光材料，而在四苯基乙烯基上引入具有强吸电子能力的苯并噻二唑基团，构建较强的电子推拉体系，基于其制备的 BTPETD、BTPETTD 和 BTPEBTTD 实现了固态荧光从蓝光（450 nm）到绿光（539 nm）、橙光（600 nm），再到红光（661 nm）的调控（图 2-18）。以该类材料制备的非掺杂器件可实现从蓝光到绿光以及红光波长的发射，为实现全彩显示和白光 OLED 提供了原材料（表 2-6）[53]。

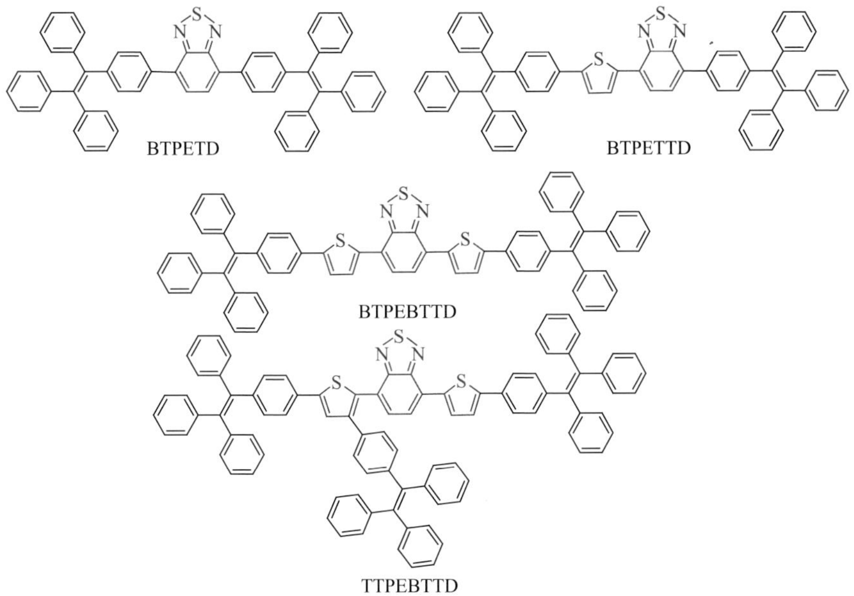

BTPETD　BTPETTD

BTPEBTTD

TTPEBTTD

图 2-18　BTPETD、BTPETTD、BTPEBTTD 和 TTPEBTTD 的分子结构

表 2-6 四苯基乙烯基构建的红光 AIE 材料及光电器件

发光材料	λ_{EL}/nm	V_{on}/V	L_{max}/(cd·m^{-2})	$\eta_{P,max}$/(lm·W^{-1})	$\eta_{C,max}$/(cd·A^{-1})	$\eta_{ext,max}$/%	CIE 坐标（x，y）
BTPETD[a]	540	3.9	13540	3.0	5.2	1.5	—
BTPETTD[a]	592	5.4	8330	2.9	6.4	3.1	—
BTPEBTTD[a]	668	4.4	1640	0.5	0.4	1.0	—
TTPEBTTD[b]	650	4.2	3750	—	2.4	3.7	（0.67，0.32）
V_2BV_2[c]	616	3.3	10573	4.06	4.24	2.53	—
T_2BT_2[c]	590	4.3	13535	4.96	6.81	2.88	—
TTB[d]	604	3.2	15584	6.3	6.4	3.5	—
TNB[d]	604	3.2	16396	7.3	7.5	3.9	—
t-BPITBT-TPE[e]	650	2.5	6277	1.59	1.31	2.17	（0.665，0.334）
Dt-BPITBT-TPE[e]	638	2.5	3328	1.70	1.41	2.03	（0.647，0.347）
t-BPITBT-TPATPE[f]	638	3.5	15354	1.64	2.19	2.09	（0.645，0.345）

a. 器件结构为 ITO/NPB(60 nm)/emitter(20 nm)/TPBi(10 nm)/Alq_3(30 nm)/LiF(1 nm)/Al(100 nm)；
b. 器件结构为 ITO/NPB(60 nm)/TTPEBTTD(20 nm)/TPBi(40 nm)/LiF(1 nm)/Al(100 nm)；
c. 器件结构为(ITO)/NPB(60 nm)/emitter(20 nm)/TPBi(40 nm)/LiF(1 nm)/Al(100 nm)；
d. 器件结构为 ITO/NPB(80 nm)/TTB 或 TNB(20 nm)/TPBi(40 nm)/LiF(1 nm)/Al(100 nm)；
e. 器件结构为 ITO/NPB(60 nm)/*t*-BPITBT-TPE 或 *Dt*-BPITBT-TPE(20 nm)/TPBi(40 nm)/LiF(1 nm)/Al；
f. 器件结构为 ITO/HATCN(20 nm)/TAPC(30 nm)/*t*-BPITBT-TPATPE(20 nm)/TPBi(40 nm)/LiF(1 nm)/Al(150 nm)。

进一步，在 BTPEBTTD 的一个噻吩环上引入一个四苯基乙烯基，构建 TTPEBTTD 有机分子（图 2-18）。结果表明，由于四苯基乙烯基的引入，分子的扭曲程度增加，导致分子共轭程度降低，有利于分子的发光性能的提高。相比于 BTPEBTTD，TTPEBTTD 的荧光发射红移了 26 nm，且具有更高的量子产率，而且表现出更佳的光电性能。非掺杂的红光器件的最大发射峰位于 650 nm，L_{max} 和 EQE 分别为 3750 cd·m^{-2} 和 3.7%[54]。

池振国等将强的推电子基团三苯胺单元和强的吸电子基团苯并噻二唑单元整合，分别引入三苯基乙烯基和四苯基乙烯基，构建了聚集诱导红光材料 V_2BV_2 和 T_2BT_2（图 2-19）。两种分子的荧光光谱行为相似，例如，V_2BV_2 和 T_2BT_2 在固体状态下均表现出发射红光，最大的荧光发射峰分别位于 660 nm 和 644 nm；随着溶液极性的增加，两种分子均表现出明显的溶剂化效应，其最大的荧光发射波长由 576 nm（正己烷）红移到 660 nm（二甲基亚砜）。它们具有良好的热稳定性和高的量子产率，可应用于非掺杂的电致发光器件，表现出优异的光电性质和相对低的启动电压。例如，两个分子的启动电压分别为 3.3 V 和 4.3 V，在电压为 15 V 时，其 L_{max} 分别为 10573 cd·m^{-2} 和 13535 cd·m^{-2}，EQE 分别为 2.53%

和 2.88%。可能由于三苯基乙烯基的存在，V_2BV_2 分子的共平面程度大于 T_2BT_2，V_2BV_2 表现出更大的红移。在 OLED 器件中，V_2BV_2 和 T_2BT_2 最大的发射波峰分别位于 616 nm 和 590 nm[55]。

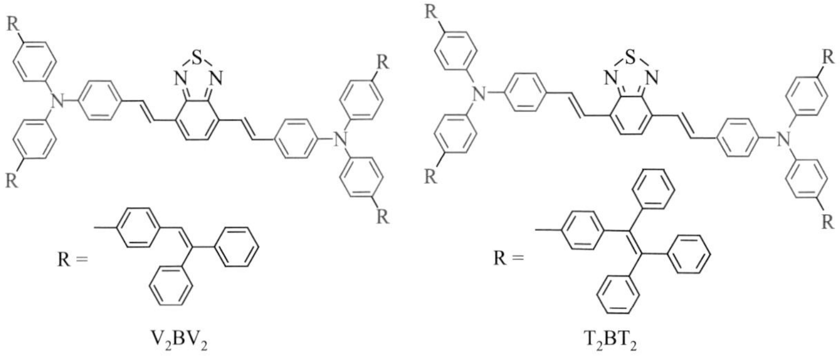

图 2-19　V_2BV_2 和 T_2BT_2 的分子结构

同样地，在下述例子中，通过整合苯并噻二唑、类三苯胺和四苯基乙烯三种单元，通过分子裁剪，调控材料在固态下的分子堆积方式，获得了两种新型的红光材料 TTB 和 TNB（图 2-20），并极大地提升了材料的发光强度。两类材料在聚集态的最大发射波长分别位于 656 nm 和 649 nm，量子产率分别为 48.8%和 63%。具有良好热稳定性的红光材料 TTB 和 TNB 可直接应用于非掺杂的电致发光器件。两种器件的启动电压为 3.2 V，其中，TTB 的 L_{max}、$\eta_{C,max}$、$\eta_{P,max}$ 和最大 EQE 分别为 15584 $cd·m^{-2}$、6.4 $cd·A^{-1}$、6.3 $lm·W^{-1}$ 和 3.5%；而 TNB 的 L_{max}、$\eta_{C,max}$、$\eta_{P,max}$ 和最大 EQE 分别为 16396 $cd·m^{-2}$、7.5 $cd·A^{-1}$、7.3 $lm·W^{-1}$ 和 3.9%，其报道的器件性能明显优于前期报道的红光器件。同样地，这类材料也具有优秀的空穴传输性能，因此，TTB 和 TNB 也可以应用于发光器件的空穴传输层和发光层。通过优化器件

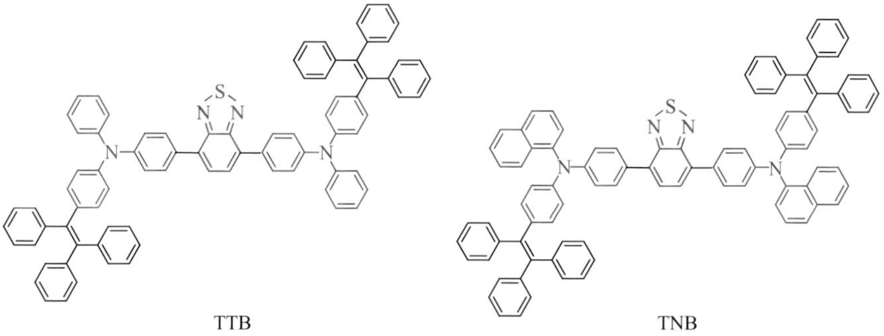

图 2-20　TTB 和 TNB 的分子结构

结构，进一步构造红光 OLED 器件。结果显示两种不包含空穴传输材料的红光器件的光电性能与包含空穴传输材料的光电性能几乎一致，表明稳定性好、量子产率高的 TTB 和 TNB 两类聚集诱导红光材料既能作为电致发光器件的发光层，又能被直接应用于空穴传输层[56]。

在苯并噻二唑体系中，进一步引入推电子能力大的菲并咪唑基团、三苯胺等，构建强的推拉电子分子骨架；另外，引入四苯基乙烯，构建 AIE 分子 *t*-BPITBT-TPE、*Dt*-BPITBT-TPE 和 *t*-BPITBT-TPATPE（图 2-21），明显地，与 TTB、TNB 和 V_2BV_2、T_2BT_2 系列相比，这三个分子发生明显的红移，可能是推拉电子效应导致的；这三个分子显示出典型的聚集诱导红光性质，其中 *Dt*-BPITBT-TPE 的量子产率最大，达到 52%。使用蒸镀法制备非掺杂的光电器件，*t*-BPITBT-TPE 和 *Dt*-BPITBT-TPE 的启动电压最低（2.5 V），是当时报道的聚集诱导红光材料最低的启动电压。在 *t*-BPITBT-TPATPE 分子中，增加了 2 个三苯胺基团，有效地提升了器件的 L_{max}，如 *t*-BPITBT-TPE 的 L_{max} 为 6277 cd·m^{-2}，而 *t*-BPITBT-TPATPE 的 L_{max} 则提升至 15354 cd·m^{-2}；另外，随着体系分子量的增加，从 *t*-BPITBT-TPE、*Dt*-BPITBT-TPE 到 *t*-BPITBT-TPATPE，电致发光最大的发射峰从 650 nm 蓝移至 638 nm。综合比较三个分子的电致发光性质表明，*t*-BPITBT-TPATPE 具有优良的光电性质，能够应用于红光 OLED 器件的发光层[57]。

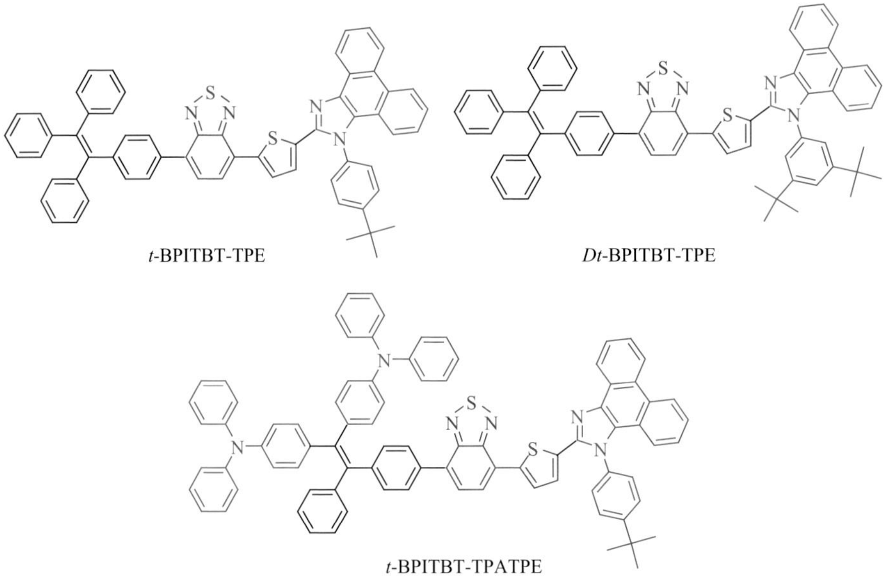

t-BPITBT-TPE　　*Dt*-BPITBT-TPE

t-BPITBT-TPATPE

图 2-21　*t*-BPITBT-TPE、*Dt*-BPITBT-TPE 和 *t*-BPITBT-TPATPE 的分子结构

2.2 咪唑基构建的 AIE 材料及光电器件

咪唑是一类经典的蓝光生色团，利用合成策略，在咪唑五元环的 4, 5 位引入芳香环，构筑蓝色荧光材料的有效单元，具有高的量子产率、良好的光热稳定性等优点（图 2-22）。由于咪唑五元氮杂环的缺电子结构特征，咪唑类衍生物是一类典型的 n 型有机半导体材料。基于五元氮杂环咪唑基元，调节禁带宽度和发光颜色，提升材料的发光效率、平衡载流子注入和传输能力，开发了一系列新型的高效蓝光电致发光材料[58]。其中，其衍生物 1, 3, 5-三苯并咪唑基苯（TPBi）作为经典的电子注入与传输材料已经被广泛应用于电致发光器件[59, 60]。

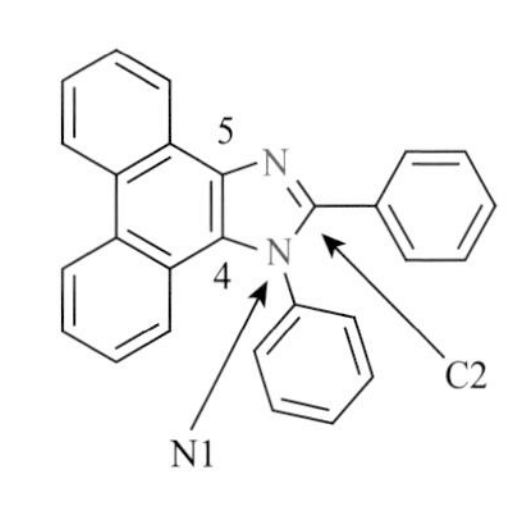

图 2-22　咪唑类 AIE 材料的分子结构示例

通过分子裁剪，在咪唑的 4, 5 位引入刚性平面的 π 共轭单元结构，如菲、芘等，增强咪唑环的共轭性，提高材料的空穴注入能力，另外，在咪唑的 C2 和 N1 位引入取代基团，抑制取代基团的自由旋转，抑制非辐射态跃迁，构建咪唑类 AIE 材料，获得了不同的发光颜色的高效率光致发光材料，并构造相关的有机电子半导体器件。

1, 2-二苯基菲并咪唑在 *N*, *N*-二甲基甲酰胺（DMF）溶液中的最大发射峰位于 370 nm，发光效率达到 70%，具有 ACQ 性质。然而 C2 位引入溴代噻吩，设计合成了发光分子 *t*-Phlm-Thi-Br（图 2-23）。在 DMF 溶液中，其最大发射峰红移至 410 nm，量子产率为 0.7%，而在 DMF-H_2O 混合溶液中，随着水含量的增加，荧光最大发射峰红移至 500 nm，且量子产率提升至 19%。荧光光谱数据表明，*t*-Phlm-Thi-Br 是一类具有 AIE 性质的发光体[61]。因此，基于苯并咪唑核，大量的文献报道了新型的菲/芘并咪唑的 AIE 体，通过调节取代基团的位置、共轭长度，具有红/绿/蓝不同颜色的高性能发光材料得以制备，并应用于 OLED 器件中，显示出良好的应用前景。

Lee 等在 *t*-Phlm-Thi-Br 的基础上，通过铃木反应，成功引入芳香环单元（如苯环、萘、三苯胺和芘环），系统研究了末端取代基团对此类发光分子的光谱影响。荧光光谱数据表明，当溴原子被这类芳香环取代，材料的荧光光谱发生较大的红移，如 Ph-TPI 在溶液态下最大发射峰位于 450.5 nm。随着共轭体系的增加，从 Ph-TPI 到 Py-TPI，荧光最大发射峰由 450.5 nm 红移至 484.5 nm；单晶结构解析表明，由于这类发光材料堆积形成的面对面 π-π 堆积，在薄膜态下，四种化合物均出现不同程度的红移现象，且量子产率降低[62, 63]。

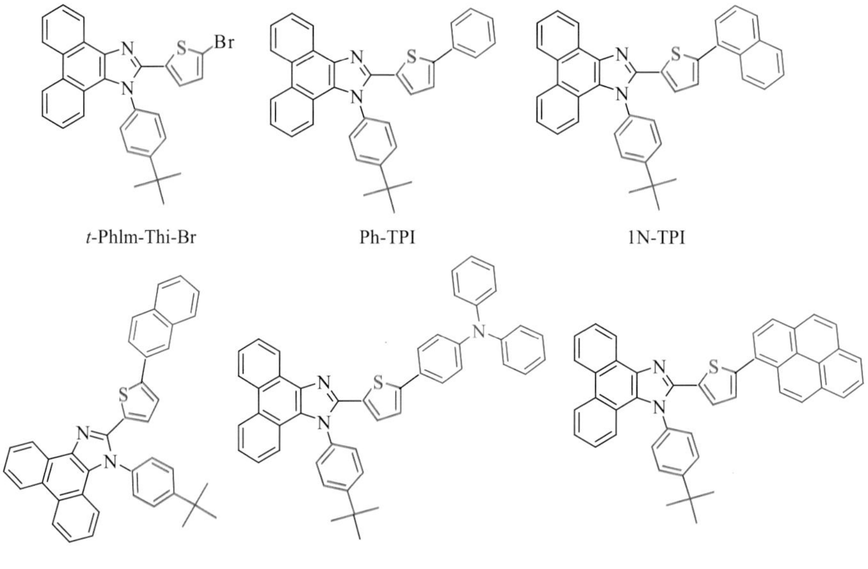

t-Phlm-Thi-Br　　Ph-TPI　　1N-TPI

2N-TPI　　TPA-TPI　　Py-TPI

图 2-23　*t*-Phlm-Thi-Br 及其衍生物的分子结构

两个实例带给科研人员一些思考：如何抑制苯并咪唑类自身聚集导致的荧光猝灭现象？当然，引入三/四苯基乙烯基基团构建咪唑类 AIE 分子是最为便捷的方式。

吉林大学张晶莹课题组在 C2 苯环上引入三苯基乙烯基基团，设计合成了 *m*TPE-PPI 分子，为进一步研究多个菲并咪唑基团对材料光电性能的影响，在 *m*TPE-PPI 的基础上，在 N1 上同时引入菲并咪唑基团，构建了 *m*TPE-DPI 发光分子（图 2-24）。单晶结构解析表明，两种分子均表现出不同程度的弯曲，在晶体堆积结构中，未观察到明显的 π-π 相互作用，说明三苯基乙烯基的引入，有效地调控了分子间的相互作用力。荧光光谱数据表明，两种分子均显示出优异的 AIE 性质，发光分子 *m*TPE-PPI 在溶液状态下几乎不发光，在聚集态显示出明亮的蓝光（448 nm），聚集态量子产率为 43%；而 *m*TPE-DPI 则显示出微弱的蓝光发射（440 nm）；随着水含量的增加，荧光强度明显增强并红移至 467 nm，量子产率也从 15%提升至 79%。两种材料显示出良好的空穴和电子传输能力。*m*TPE-PPI 和 *m*TPE-DPI 的空穴迁移率分别为 $1.6\times10^{-4}\ cm^2\cdot V^{-1}\cdot s^{-1}$ 和 $1.0\times10^{-3}\ cm^2\cdot V^{-1}\cdot s^{-1}$，它们的电子迁移率分别为 $4.8\times10^{-4}\ cm^2\cdot V^{-1}\cdot s^{-1}$ 和 $5.1\times10^{-4}\ cm^2\cdot V^{-1}\cdot s^{-1}$。另外，将两种材料直接应用于非掺杂的 OLED 器件中，光电器件显示出良好的蓝光发射（452～464 nm）。其中，*m*TPE-PPI 的最大启动电压为 3.9 V，L_{max}、$\eta_{C,\,max}$、$\eta_{P,\,max}$ 和最大 EQE 分别为 $3095\ cd\cdot m^{-2}$、$1.83\ cd\cdot A^{-1}$、$1.48\ lm\cdot W^{-1}$ 和 2.30%；而 *m*TPE-DPI 的最大启动电压为 3.3 V，L_{max}、$\eta_{C,\,max}$、$\eta_{P,\,max}$ 和最大 EQE 分别为 $13740\ cd\cdot m^{-2}$、$4.13\ cd\cdot A^{-1}$、$2.89\ lm\cdot W^{-1}$ 和 3.69%，说明随着菲并咪唑基团数目的增加，器件的性能也极大地提升[64]。

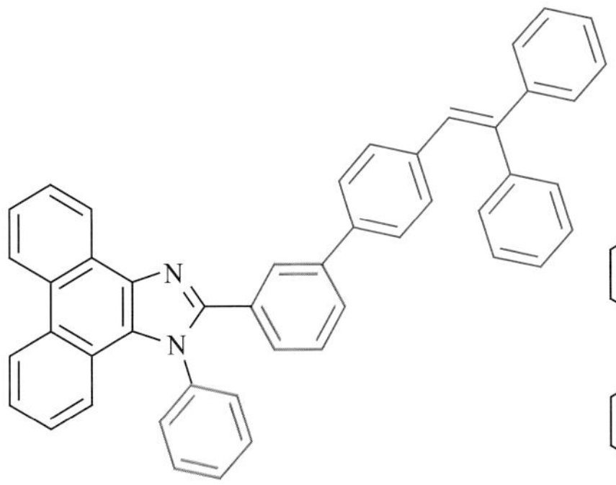

mTPE-PPI mTPE-DPI

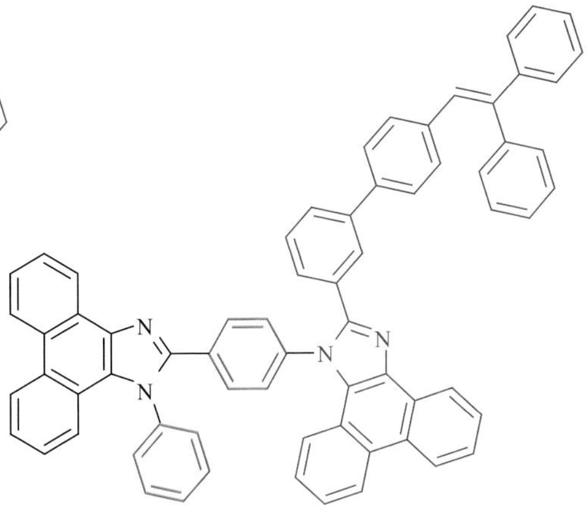

图 2-24 *m*TPE-PPI 和 *m*TPE-DPI 的分子结构

同样地，在N1和C1分别引入4-氰基苯和四苯基乙烯基团，并调节四苯基乙烯基在C1位的位置，设计合成了*o*-phe-imdz-TPE、*m*-phe-imdz-TPE和*p*-phe-imdz-TPE三种发光分子（图2-25）。对比研究了邻间对位取代对分子的光电性质、力致变色的影响。同样地，由于四苯基乙烯基的引入，导致三种材料显示出很强的AIE性质，固态下的量子产率分别为73%、54%和73%。而且三种材料在外力的作用下，荧光的颜色由蓝色变到绿色，而退火后颜色又回到蓝色，表现出良好的可逆性。三种材料作为非掺杂的发光层，光电器件展示出天蓝光性质，最大的发射峰位于480～483 nm之间。另外，光电器件中，*o*-phe-imdz-TPE的EQE高于*m*-phe-imdz-TPE，这可能是由于在*o*-phe-imdz-TPE的器件中的电子和空穴传输更优，能够有效地平衡载流子运输。因此，三种材料的非掺杂的光电器件的最大EQE大小关系为*o*-phe-imdz-TPE＞*p*-phe-imdz-TPE＞*m*-phe-imdz-TPE[65]。

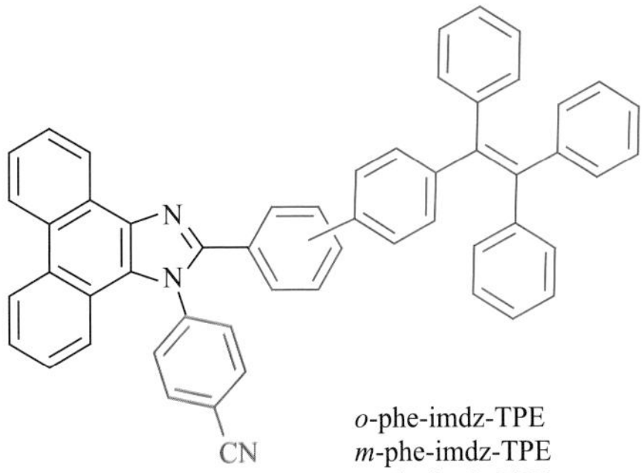

CN
o-phe-imdz-TPE
m-phe-imdz-TPE
p-phe-imdz-TPE

图 2-25 *o*-phe-imdz-TPE、*m*-phe-imdz-TPE 和 *p*-phe-imdz-TPE 的分子结构

类四苯基乙烯的 9-(1, 2, 2-三苯基乙烯) 蒽是 AIE 分子[66]，将这类基团引入菲并咪唑骨架，制备的发光分子 PIAnTPE 具有明显的 AIE 性质（图 2-26）。其固体最大发射峰在 469 nm，溶液下的量子产率为 8%，而薄膜下的量子产率提升至 65%。而且该分子展现出良好的电子和空穴传输能力。进一步，将 PIAnTPE 应用于非掺杂的蓝光 OLED 的发光层，其启动电压为 3.1 V，L_{max}、$\eta_{C, max}$、$\eta_{P, max}$ 和最大 EQE 分别为 20129 $cd \cdot m^{-2}$、6.9 $cd \cdot A^{-1}$、5.0 $lm \cdot W^{-1}$ 和 4.46%，此外，这类器件具有较小的效率滚降[67]。

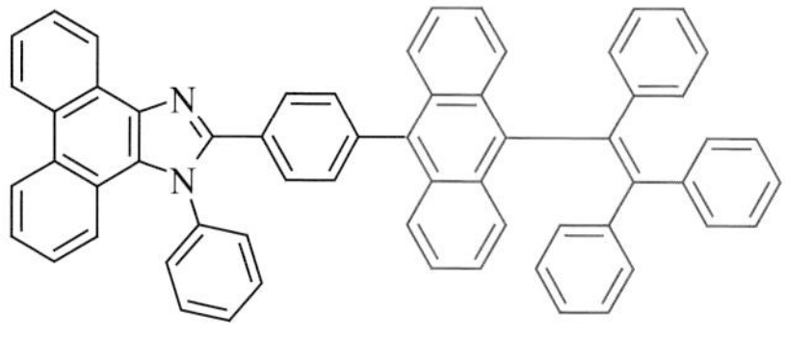

图 2-26 PIAnTPE 的分子结构

葛子义教授等比较了四苯基乙烯基的取代数目对苯并咪唑类分子的热稳定性、光电性能的影响。在苯并咪唑的 4, 5 位引入一个/两个四苯基乙烯，2 位引入苯基三苯胺基团，制备了 BPTPETPNI 和 2TPETPAI 发光分子（图 2-27）。在 THF 溶液中，两种分子均展示出深蓝光发射，随着水含量的增加，荧光强度减小；当水含量增加到 70%以后，荧光最大发射峰红移至 500 nm，伴随着荧光强度再次增加。与溶液状态下相比，两种材料的量子产率明显提高 10 余倍（>68%）。热力学分析和光物理测试表明，四苯基乙烯基数目的增加能够提升材料的热稳定性和量子产率，并且有助于增加分子的扭曲度，降低共轭程度，并提升蓝光发射。电致发光器件表明，两种材料均能发射蓝光，均具有良好的发光亮度、η_C、η_P 和 EQE 以及较小的效率滚降。并且随着四苯基乙烯基数目的增加，2TPETPAI 的启动电压小于 BPTPETPNI[68]。

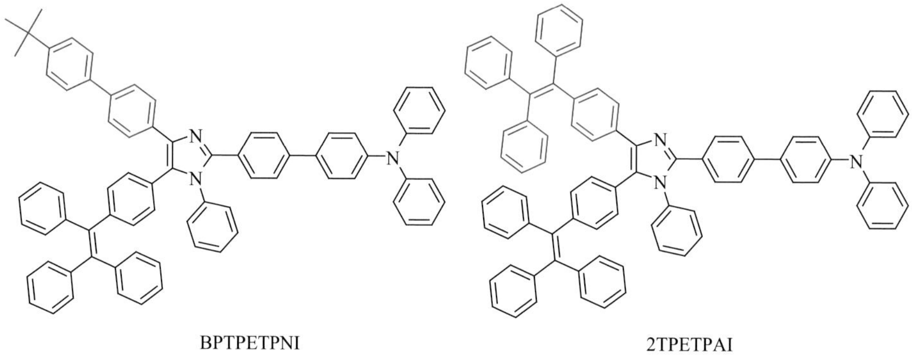

BPTPETPNI　　2TPETPAI

图 2-27 BPTPETPNI 和 2TPETPAI 的分子结构

Wong 课题组以菲并咪唑为推电子基团，苯乙腈为拉电子（吸电子）基团，构建 D-A 结构的发光分子 TPIA 和 PPIA（图 2-28），电子推拉体系的存在引起分子内电荷转移，导致荧光光谱红移。相比于上述的菲并咪唑衍生物，TPIA 和 PPIA 的发射光谱最大发射峰位于 610 nm，而且两种分子均为 AIE 分子。通过优化光电器件结构，PPIA 表现出更为优异的光电性质，其 L_{max} 为 11560 cd·m^{-2}[69]。

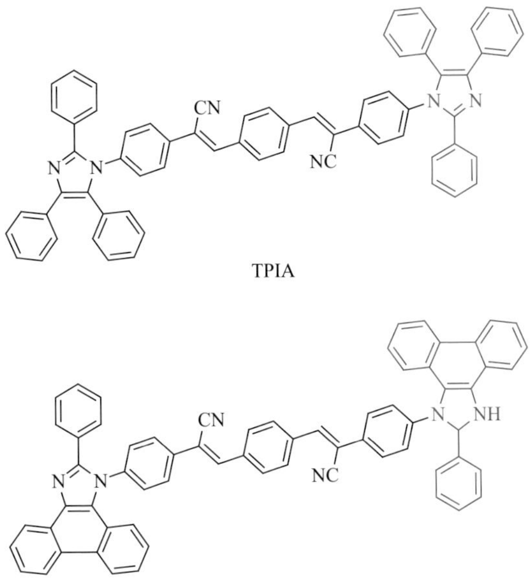

TPIA

PPIA

图 2-28 TPIA 和 PPIA 的分子结构

以苯并噻二唑为核，逐步发生溴代反应，引入不同数量的三苯胺基团，构建电子推拉能力不一样的发光材料 T2B 和 T5B（图 2-29）。两种材料均展示出明显的红光。随着取代基团数目的增加，荧光发射波长从 670 nm（T2B）蓝移至 647 nm（T5B），且量子产率有明显的提高。说明大体积的三苯胺基产生较大的空间位阻，有效地抑制了分子间的 π-π 堆积。特别地，采用溶液法旋涂两种材料，发现 T5B 的形貌特征（如成膜性、表面光滑性等）优于 T2B；而将两种材料用于制备非掺杂的单层红光发光器件的发光层，结果表明 T5B 的光电性能远远优于 T2B。进一步，为平衡电子注入能力，将 2, 9-二甲基-4, 7-二苯基-1, 10-菲咯啉（2, 9-dimethyl-4, 7-diphenyl-1, 10-phenanthroline，BCP）用于电子注入层，T5B 用于发光层，与单层器件相比，这类双层结构的器件显示出更优越的光电性能[70]，其中 T5B 启动电压、L_{max}、$\eta_{C,max}$ 和 EQE 分别为 3.0 V、16827 cd·m^{-2}、6.25 cd·A^{-1} 和 0.58%；器件展示的红光色域坐标为（0.67，0.33），符合 NTSC 色域，如表 2-7 所示。

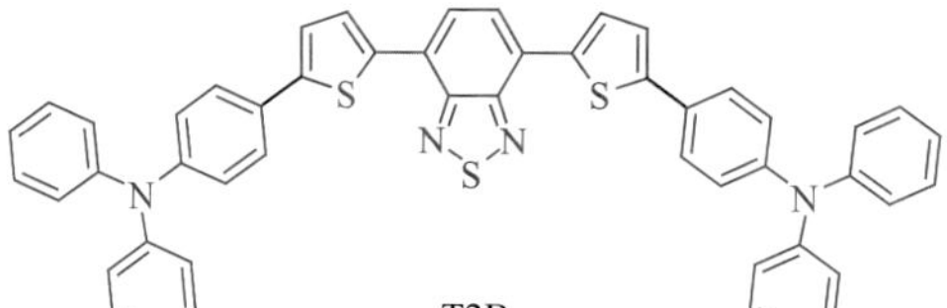

图 2-29 T2B 和 T5B 的分子结构

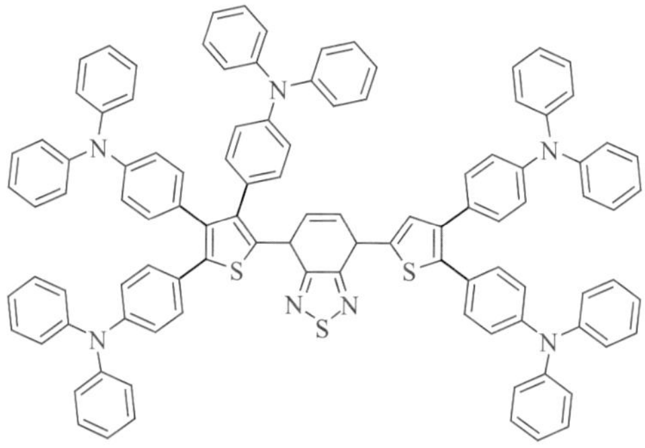

表 2-7 咪唑基构建的 AIE 材料及光电器件性能

发光材料	λ_{EL}/nm	V_{on}/V	L_{max}/（cd·m^{-2}）	$\eta_{P,max}$/（lm·W^{-1}）	$\eta_{C,max}$/（cd·A^{-1}）	$\eta_{ext,max}$/%	CIE 坐标(x,y)
mTPE-PPI[a]	452	3.9	3095	1.48	1.83	2.30	（0.15，0.09）
mTPE-DPI[a]	464	3.3	13740	2.89	4.13	3.69	（0.15，0.14）
PIAnTPE[b]	468	3.1	20129	5.0	6.9	4.46	（0.16，0.23）
BPTPETPNI[c]	479	3.5	—	3.76	6.14	3.1	（0.20，0.30）
2TPETPAI[c]	487	3.3	—	4.71	6.70	3.25	（0.21，0.33）
TPIA[d]	584	4.2	3157	0.45	0.78	0.33	—
PPIA[d]	596	3.8	11560	1.54	2.24	1.02	—
T2B[e]	675	3.3	6552	—	1.79	0.17	（0.69，0.31）
T5B[e]	656	3.0	16827	—	6.25	0.58	（0.67，0.33）

a. 器件结构为 ITO/NPB(65 nm)/mTPE-PPI 或 mTPE-DPI(20 nm)/TPBi(35 nm)/LiF(1 nm)/Al(100 nm)；

b. 器件结构为 ITO/HATCN(5 nm)/TAPC(25 nm)/TCTA(15 nm)/EML(20 nm)/TPBi(40 nm)/LiF(1 nm)/Al(120 nm)；

c. 器件结构为 ITO/HATCN(5 nm)/BPTPETPAI 或 2TPETPAI(30 nm)/TPBi(40 nm)/LiF/Al；

d. 器件结构为 ITO/HATCN(5 nm)/BPTPETPAI 或 2TPETPAI(30 nm)/TPBi(40 nm)/LiF/Al；

e. 器件结构为 ITO/PEDOT：PSS/EML(旋涂)(30～40 nm)/BCP(40 nm)/LiF(0.5 nm)Al(150 nm)。

2.3 芘基构建的 AIE 材料及光电器件

芘及其衍生物是一类具有良好发光性能的富电子稠环共轭骨架芳香烃化合物，其作为一类优良的蓝光发光材料，具有高效的蓝光发射和高量子产率、高电子迁移率和空穴注入等特性[71, 72]。然而由于其自身的刚性共轭结构，在聚集态或固态下易发生 π-π 堆积形成激基缔合物，导致发生斯托克斯位移，甚至荧光猝灭，降低荧光量子效率等，产生典型的 ACQ 现象[73]，制约芘及其衍生物作为发光材料在光电器件中的应用。通过整合芘基与具有 AIE 性质的四苯基乙烯基团，能够构造出芘类聚集诱导发光材料，有效抑制芘环的 ACQ 性质并提升材料的光学性能，制备出高性能的蓝光材料及器件（图 2-30）。

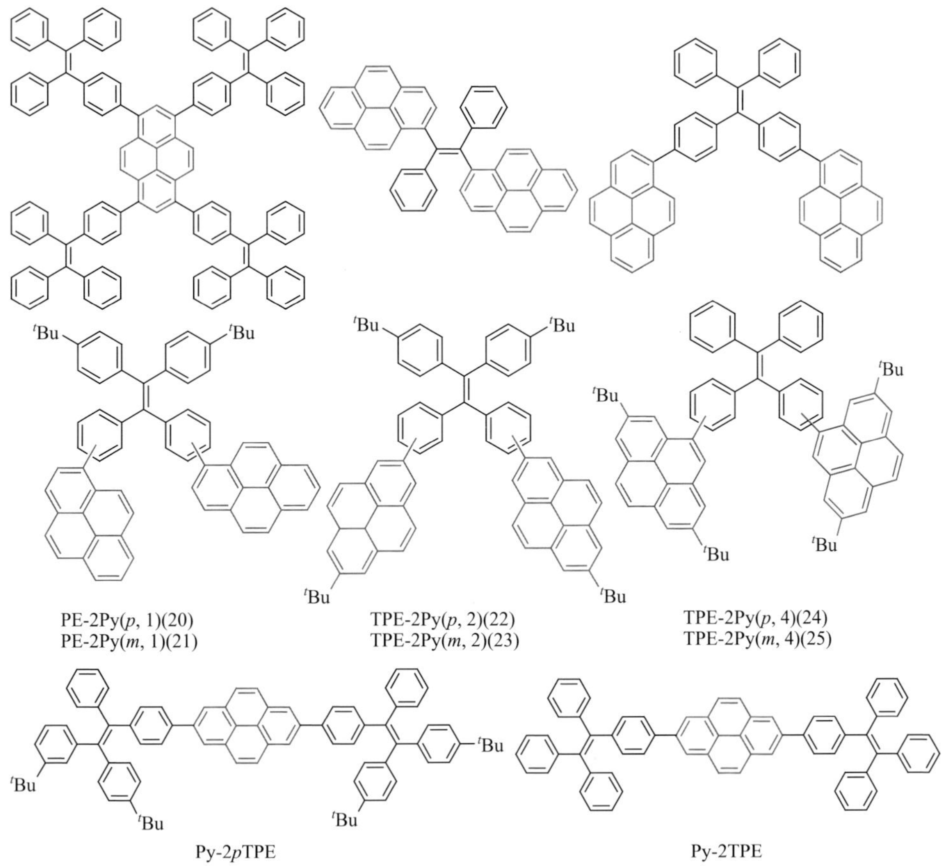

图 2-30　芘类 AIE 分子结构

华南理工大学赵祖金教授将四苯基乙烯基引入芘的 1, 3, 6, 8 取代位置，获得了目标化合物 TTPEPY，其最大荧光发射峰在 483 nm，量子产率为 70%。将制备的芘基 AIE 材料应用于 OLED 器件，其 $\eta_{C,\max}$、$\eta_{P,\max}$ 和 EQE 分别为 12.3 cd·A^{-1}、7.0 lm·W^{-1} 和 4.95%（表 2-8）[74]。

反之，以具有 AIE 性质的 TPE 等为核，整合芘环，并选择性在芘环 4 位进行功能化，构建的有机蓝光分子（458～487 nm）能够提高材料的空穴迁移率和荧光量子效率，改善蓝光 OLED 器件的电致发光性能[75, 76]。例如，武汉大学李振教授课题组通过对芘的 4 位取代，制备了芘基 AIE 分子[TPE-2Py(*p*, 1)、TPE-2Py(*m*, 1)、TPE-2Py(*p*, 2)、TPE-2Py(*m*, 2)、TPE-2Py(*p*, 4)和 TPE-2Py(*m*, 4)]，系统对比了在四苯基乙烯末端的苯环对位、邻位取代对光谱性质的影响。研究表明，在芘的 4 位取代，进一步在四苯基乙烯基的对位和邻位功能化，均获得深蓝光材料（438～465 nm），而且在邻位取代更有利于获得深蓝光材料。同时，此类材料表现出良好的蓝光/天蓝光 OLED 器件性质。通过优化器件结构，器件的 L_{max} 达到 17787 cd·m^{-2}。同样地，基于芘环构建类四苯基乙烯同样获得具有良好光学性能的 AIE 分子[77]。

进一步，将芘环和 TPE 相结合，在芘的 2, 7 位引入 TPE 取代基团，有效抑制芘的 π-π 堆积，制备了天蓝光（484 nm）发射的芘基发光材料，这类高效非掺杂 OLED 器件显示出良好的电致发光特性（CIE：$x = 0.20$，$y = 0.29$，EQE 为 3.25%）[78]；同样地，笔者通过优化分子结构和 OLED 器件，构造了性能优良的天蓝光 OLED 器件，Py-2TPE 的 L_{max}、$\eta_{C,\ max}$、$\eta_{P,\ max}$ 和最大 EQE 分别为 15750 cd·m^{-2}、7.34 cd·A^{-1}、6.03 lm·W^{-1} 和 3.19%[79]。此结果与前面所述结论一致。据笔者调研发现，通过整合芘环与四苯基乙烯基团，能够制备出天蓝色的 OLED 器件，但纯蓝光的芘基 AIE 材料及相关 OLED 器件极少报道。

另外，结合苯并咪唑的电荷传输优势和芘的优良蓝光性能，研究人员发现芘基苯并咪唑体系能够获得蓝光材料[80]；吉林大学路萍教授课题组进一步引入四苯基乙烯基团，构建了新型的芘基苯并咪唑 AIE 分子 PyTPEI 和 PyPTPEI（图 2-31）。荧光光谱数据表明，PyTPEI 和 PyPTPEI 在固体状态下分别展现出天蓝光（488 nm）和蓝光（473 nm）发光性质，量子产率高达 70%。非掺杂的 OLED 器件中，PyTPEI、PyPTPEI 的电致发光的最大发射峰位于 500 nm。启动电压均为 2.8 V，表明电荷注入与传输需要的能量非常小。PyTPEI 和 PyPTPEI 表现出优异的 OLED 发光性质，L_{max} 高达 27419 cd·m^{-2}[81]。

进一步，功能化芘的 4, 5, 9, 10 位，分别在芘基的 4, 5 位和 9, 10 位构建类苯并咪唑衍生物 PyDTI。通过“一锅煮”的合成方式，同时获得了具有 AIE 性质的同分异构体 *syn*-PyDTI 和 *anti*-PyDTI（图 2-31）。不同的分子构型，获得不同的分子光谱。*syn*-PyDTI 最大发射峰位于 465 nm，*anti*-PyDTI 在 507 nm 处出现。而且顺式分子的量子产率明显高于反式。同样地，非掺杂的 OLED 器件性能表明，顺式的 *syn*-PyDTI 的光电性能远远优于反式。在优化的器件结构中，*syn*-PyDTI 的启动电压为 2.8 V，$\eta_{C,\ max}$ 和 $\eta_{P,\ max}$ 分别为 11.42 cd·A^{-1} 和 10.39 lm·W^{-1}[82]。

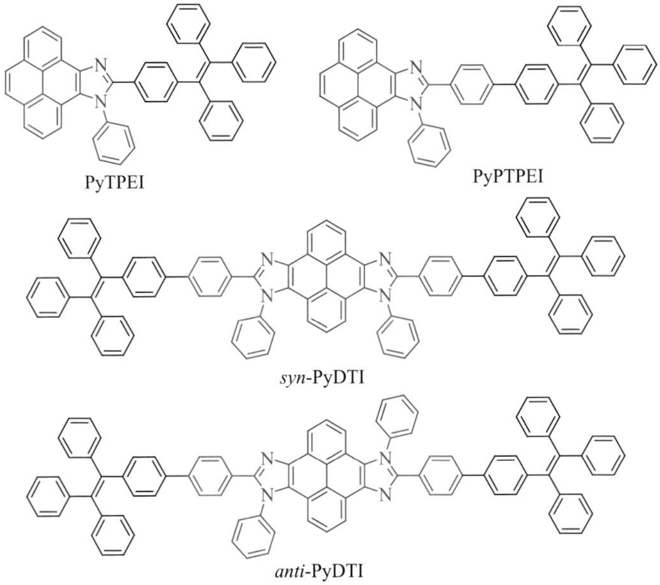

PyTPEI　PyPTPEI

syn-PyDTI

anti-PyDTI

图 2-31　PyDTI 衍生物的分子结构

表 2-8　芘基构建的 AIE 材料及光电器件

发光材料	λ_{EL}/nm	V_{on}/V	L_{max}/(cd·m^{-2})	$\eta_{P,max}$/(lm·W^{-1})	$\eta_{C,max}$/(cd·A^{-1})	$\eta_{ext,max}$/%	CIE 坐标(*x*, *y*)
TTPEPY[a]	488	3.6	36300	7.0	12.3	4.95	—
TPE-2Py(*p*, 1)[b]	484	3.1	17787	4.47	4.88	2.23	(0.18，0.32)
TPE-2Py(*p*, 2)[b]	464	3.1	9654	2.83	3.06	1.94	(0.16，0.18)
TPE-2Py(*p*, 4)[b]	496	3.4	16264	4.55	6.00	2.41	(0.19，0.39)
TPE-2Py(*m*, 1)[b]	472	3.3	4661	1.69	2.03	1.12	(0.17，0.23)
TPE-2Py(*m*, 2)[b]	472	4.7	3608	2.88	4.66	2.79	(0.16，0.21)
TPE-2Py(*m*, 4)[b]	472	7.9	2436	0.33	1.12	0.70	(0.17，0.20)
Py-2*p*TPE[c]	484	4.3	15546	3.55	6.91	3.25	(0.20，0.29)
Py-2TPE[d]	492	3.1	15750	6.03	7.34	3.19	(0.23，0.39)
PyTPEI[e]	500	2.8	27419	—	8.73	3.46	(0.21，0.40)
PyPTPEI[e]	500	2.8	19419	—	7.68	3.35	(0.20，0.34)
syn-PyDTI[f]	500	2.8	10000	10.39	11.42	—	—
anti-PyDTI[f]	5.8	2.8	10000	6.71	8.12	—	—

a. 器件结构为 ITO/NPB(60 nm)/TTPEPy(26 nm)/TPBi(20 nm)/LiF(1 nm)/Al(100 nm)；

b. 器件结构为 ITO/MoO_3(10 nm)/emitter(75 nm)/TPBi(35 nm)/LiF(1 nm)/Al；

c. 器件结构为 ITO/PEDOT∶PSS/NPB(40 nm)/EML(emissive layer，10～20 nm)/TPBi(35 nm)/Ca∶Ag；

d. 器件结构为 ITO/HATCN(5 nm)/TAPC(40 nm)/TCTA(5 nm)/EML(20 nm)/ETL(45 nm)/Liq(2 nm)/Al；

e. 器件结构为 ITO/PEDOT∶PSS(40 nm)/NPB(50 nm)/EML(20 nm)/TPBi(40 nm)/LiF(0.5 nm)/Al(120 nm)；

f. 器件结构为 ITO/PEDOT∶PSS(40 nm)/NPB(50 nm)/*syn*-PyDTI 或 *anti*-PyDTI(20 nm)/TPBI(40 nm)/LiF(0.5 nm)/Al(120 nm)。

对比上述器件性质，可以发现：总体来说，相比于前面所描述的材料，芘基聚集诱导发光材料能够高效地提高 OLED 器件的发光性能，在亮度、效率等方面均提升 1～2 倍。但是基于芘基制备深蓝光 AIE 材料及器件仍然充满挑战。

2.4 噻咯基构建的 AIE 材料及光电器件

噻咯是含硅原子的 π 共轭的有机硅化合物，作为一种典型的具有 AIE 性质的发光材料。唐本忠院士课题组将噻咯用于固体发光材料，制备了蓝光 OLED 器件，但是器件的性能有待进一步提升[83]。随着材料制备水平和器件工艺的提升，基于噻咯的高效有机发光材料也广泛应用于 OLED 器件中，并大幅提升了光电器件的性能。

基于噻咯引入取代基团（如四苯基乙烯基团[84, 85]、萘酚[86]等），目标分子同样具有 AIE 性质。将萘酚引入噻咯环，制备了 D-1-NpTPS 和 D-2-NpTPS（图 2-32）。两种单晶结构均未观察到 π-π 堆积现象，因此，此类结构能够有效地抑制荧光在固体状态下的猝灭现象。其荧光光谱在固体的最大发射峰位于 502 nm 和 510 nm，固体量子产率均大于 90%。高量子产率、高稳定性的 D-1-NpTPS 和 D-2-NpTPS 分子应用于 OLED 器件的发光层，表现出良好的光电性质。例如，D-1-NpTPS 的光电器件最大发射峰位于 512 nm，与固体状态相比红移了 10 nm，L_{max}、$\eta_{C, max}$、$\eta_{P, max}$ 和 EQE 分别为 15700 cd·m^{-2}、4.9 cd·A^{-1}、1.8 lm·W^{-1} 和 1.6%。而 D-2-NpTPS 的电致发光最大发射峰则红移至 536 nm，L_{max} 降至 9420 cd·m^{-2}。但是 $\eta_{C, max}$、$\eta_{P, max}$ 和 EQE 均有较大提升。

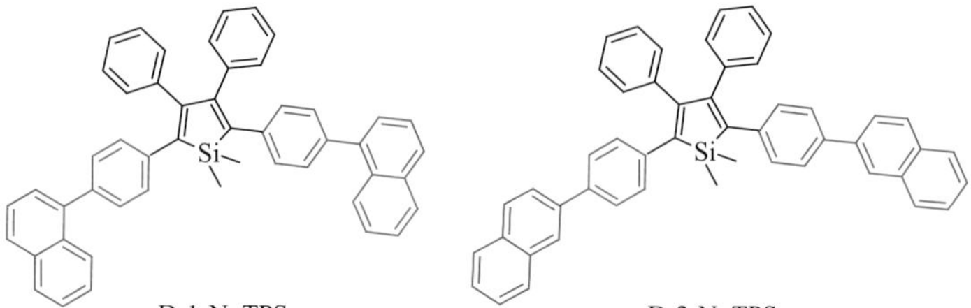

图 2-32 D-1-NpTPS 和 D-2-NpTPS 的分子结构

最近，赵祖金教授将具有推电子性质的苯基咔唑引入噻咯基团，调节取代位置，制备了发光材料 2, 2′-MTPS-CaP、3, 3′-MTPS-CaP 和 9, 9′-MTPS-CaP（图 2-33）。研究表明，三种化合物仍然表现出聚集诱导黄绿光性质（520～539 nm），其溶液量子产率分别为 5.75%、4.00%和 3.20%，而固体量子产率则提升了 20～25 倍。重要的是，将三种材料制备成非掺杂的 OLED 器件，其 L_{max} 为 78780～91920 cd·m^{-2}，EQE 高达 5.63%。此器件的性质远远优于同类型的 OLED 性能[87]。同样地，将推电子基团的苯并咪唑引入噻咯骨架，也可获得优异的电致发光性质[88]。

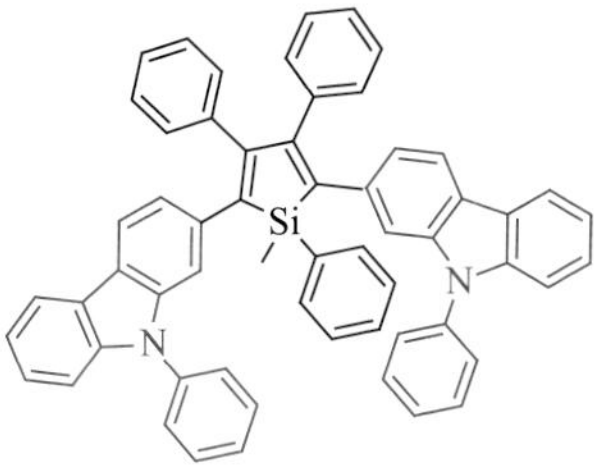

2, 2′-MTPS-CaP

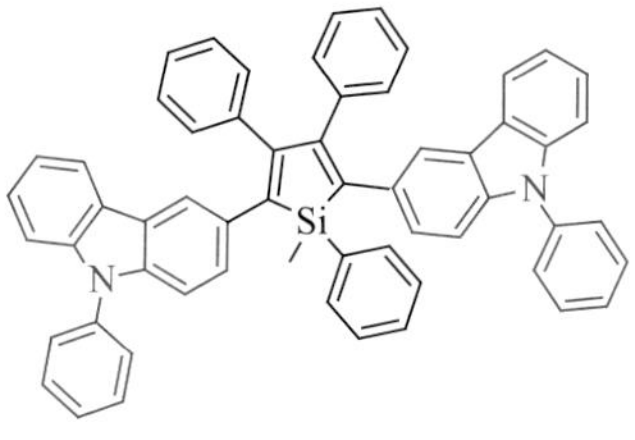

3, 3′-MTPS-CaP

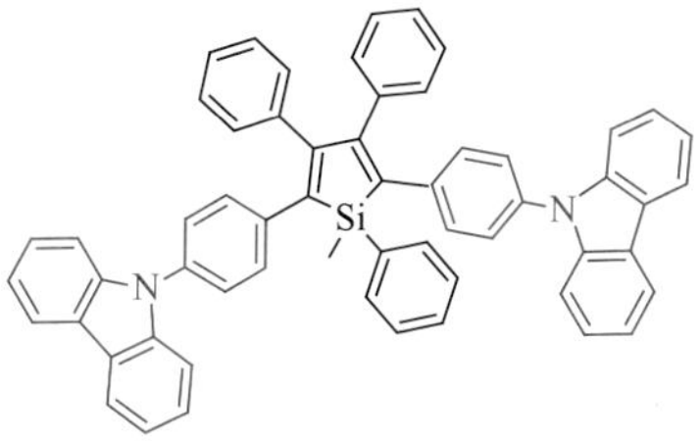

9, 9′-MTPS-CaP

图 2-33　MTPS-CaP 衍生物的分子结构

进一步，在同样的位置引入推电子基团或者吸电子基团，构建了系列新型的噻咯取代衍生物。将二苯基硼基引入噻咯骨架，构建$(MesB)_2$DMTPS、$(MesB)_2$MPPS 和$(MesB)_2$HPS 分子（图 2-34）。这类材料同样显示出 AIE 性质，由于大体积取代基团的引入，分子间的 π-π 堆积被抑制，在固体状态下其最大发射峰分别位于 516 nm、524 nm 和 526 nm，量子产率均大于 56%。而且溶液和固体均未观察到明显的红移现象。将三种材料应用于电致发光的发光层，三个器件均显示出高效的黄色荧光，L_{max} 在 9610～15200 cd·m^{-2}[89]。同样地，将具有吸电子性质的苯并噻吩基团引入噻咯骨架，制备了 5-BTMPS 和 2-BTMPS 两种材料。由于噻咯与噻吩环直接相连，与 5-BTMPS 相比，2-BTMPS 的荧光光谱发生了较大的红移（23 nm），其最大的发生峰在 522 nm。其电致发光为黄光，最大发射峰为 560 nm。而 5-BTMPS 制备出绿光 OLED 器件，其最大发射峰位于 512 nm[90]。

$(MesB)_2$DMTPS: R=Me, R′ = Me
$(MesB)_2$MPPS: R=Me, R′ = Ph
$(MesB)_2$HPS: R=Ph, R′ = Ph

5-BTMPS

2-BTMPS

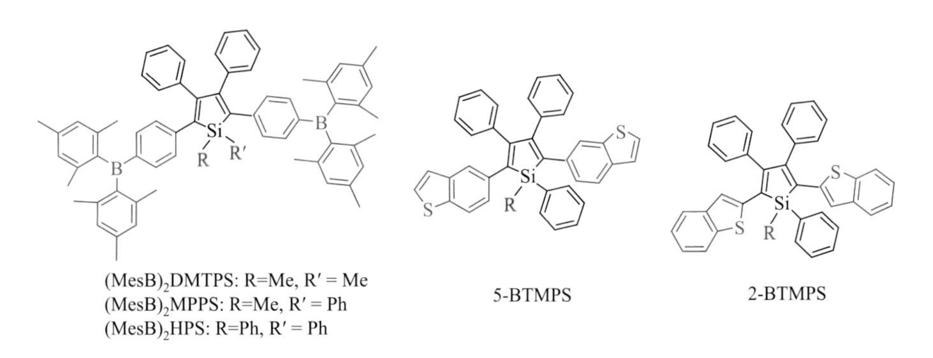

图 2-34　二苯基硼-噻咯衍生物和苯并噻吩-噻咯衍生物的分子结构

另外，分别在噻咯骨架同时引入电子推拉基团，构建了 AIE 分子$(DPA)_2(CN)_2MPPS$和$(DPA)_2(MesB)_2MPPS$（图 2-35）。在结晶状态下，大量的 C—H···π 键的存在，限制了苯环的转动，提升了材料在固体状态下的荧光效率。量化计算表明，由于推拉效应，产生分子内电荷转移，导致分子能级的 HOMO 和 LUMO 分离，发光材料颜色进一步红移。两种分子在固体状态下均显示出橙红色荧光，最大发射峰分别为 558 nm 和 552 nm，最大量子产率分别为 22.5%和 27.2%。特别地，$(DPA)_2(MesB)_2MPPS$ 直接应用于电致发光器件的发光层，显示出优异的电致发光性质。其最大发射峰位于 557 nm，启动电压为 3.7 V，L_{max}、$\eta_{C,max}$、$\eta_{P,max}$ 和 EQE 分别为 23700 $cd \cdot m^{-2}$、7.1 $cd \cdot A^{-1}$、5.1 $lm \cdot W^{-1}$ 和 2.4%[91]。

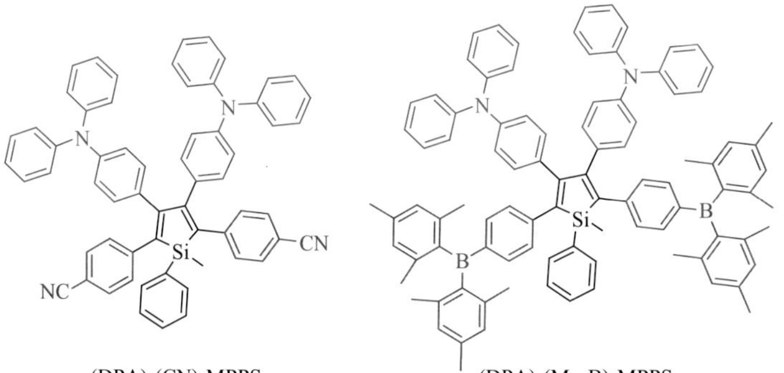

$(DPA)_2(CN)_2MPPS$　　$(DPA)_2(MesB)_2MPPS$

图 2-35　$(DPA)_2(CN)_2MPPS$ 和$(DPA)_2(MesB)_2MPPS$ 的分子结构

对比数据发现，通过分子裁剪、基于噻咯构建的 AIE 分子（表 2-9），引入取代基团，调控分子能级，能够获得天蓝光、绿光、黄光发射，并获得性能优异的发光器件，却无法获得蓝光材料。

表 2-9　噻咯基构建的 AIE 材料及光电器件

发光材料	λ_{EL}/nm	V_{on}/V	L_{max}/ ($cd \cdot m^{-2}$)	$\eta_{P,max}$/ ($lm \cdot W^{-1}$)	$\eta_{C,max}$/ ($cd \cdot A^{-1}$)	$\eta_{ext,max}$/%	CIE 坐标(x, y)
D-1-NpTPS[a]	512	4.7	15700	1.8	4.9	1.6	—
D-2-NpTPS[a]	536	4.4	9420	7.3	10.5	3.2	—
2, 2′-MTPS-CaP[b]	555	2.9	83870	9.87	12.72	4.01	（0.24，0.44）
3, 3′-MTPS-CaP[b]	552	3.1	78780	10.64	12.44	3.57	（0.40，0.56）
9, 9′-MTPS-CaP[b]	542	5.3	91920	12.55	17.59	5.63	（0.38，0.55）
$(MesB)_2DMTPS$[c]	540	6.9	10500	3.2	7.4	2.25	（0.35，0.55）
$(MesB)_2MPPS$[c]	552	7.5	9610	2.4	6.6	2.13	（0.40，0.54）

续表

发光材料	λ_{EL}/nm	V_{on}/V	L_{max}/ ($cd \cdot m^{-2}$)	$\eta_{P,max}$/ ($lm \cdot W^{-1}$)	$\eta_{C,max}$/ ($cd \cdot A^{-1}$)	$\eta_{ext,max}$/%	CIE 坐标(x, y)
$(MesB)_2HPS$[c]	548	5.4	15200	4.1	8.4	2.62	(0.39，0.55)
5-BTMPS[d]	512	3.7	27070	6.08	10.23	3.58	(0.25，0.50)
2-BTMPS[d]	560	5.2	3950	0.68	1.61	0.56	(0.43，0.54)
$(DPA)_2(CN)_2MPPS$[e]	557	3.7	32050	3.9	4.6	1.6	(0.41，0.55)
$(DPA)_2(MesB)_2MPPS$[e]	567	3.6	23700	5.1	7.1	2.4	(0.42，0.55)

a. 器件结构为 ITO/NPB(60 nm)/D-1-NpTPS 或 D-2-NpTPS(20 nm)/TPBi(40 nm)/LiF(1 nm)/Al(100 nm)；

b. 器件结构为 ITO/NPB(60 nm)/emitter(20 nm)/TPBi(40 nm)/LiF(1 nm)/Al；

c. 器件结构为 ITO/NPB(60 nm)/silole(噻咯)(20 nm)/TPBi(40 nm)/LiF(1 nm)/Al(100 nm)；

d. 器件结构为 ITO/NPB(60 nm)/EML(20 nm)/TPBi(40 nm)/LiF(1 nm)/Al(100 nm)；

e. 器件结构为 ITO/HATCN(20 nm)/NPB(40 nm)/emitter(20 nm)/TPBi(40 nm)/LiF(1 nm)/Al(150 nm)。

参考文献

[1] Luo J，Xie Z，Lam J W Y，et al. Aggregation-induced emission of 1-methyl-1, 2, 3, 4, 5-pentaphenylsilole. Chemical Communications，2001，(18)：1740-1741.

[2] Hong Y，Lam J W Y，Tang B Z. Aggregation-induced emission：phenomenon，mechanism and applications. Chemical Communications，2009，(29)：4332-4353.

[3] Hong Y，Lam J W Y，Tang B Z. Aggregation-induced emission. Chemical Society Reviews，2011，40 (11)：5361-5388.

[4] Mei J，Hong Y，Lam J W Y，et al. Aggregation-induced emission：the whole is more brilliant than the parts. Advanced Materials，2014，26 (31)：5429-5479.

[5] Mei J，Leung N L C，Kwok R T K，et al. Aggregation-induced emission：together we shine，united we soar！. Chemical Reviews，2015，115 (21)：11718-11940.

[6] Li J，Pu K. Development of organic semiconducting materials for deep-tissue optical imaging，phototherapy and photoactivation. Chemical Society Reviews，2019，48 (1)：38-71.

[7] Cui Y，Chen B，Qian G. Lanthanide metal-organic frameworks for luminescent sensing and light-emitting applications. Coordination Chemistry Reviews，2014，273：76-86.

[8] Wu J，Liu W，Ge J，et al. New sensing mechanisms for design of fluorescent chemosensors emerging in recent years. Chemical Society Reviews，2011，40 (7)：3483-3495.

[9] Yang M，Xu D，Xi W，et al. Aggregation-induced fluorescence behavior of triphenylamine-based Schiff bases：the combined effect of multiple forces. Journal of Organic Chemistry，2013，78 (20)：10344-10359.

[10] Maity A，Ali F，Agarwalla H，et al. Tuning of multiple luminescence outputs and white-light emission from a single gelator molecule through an ESIPT coupled AIEE process. Chemical Communications，2015，51 (11)：2130-2133.

[11] Hu R，Lager E，Aguilar-Aguilar A，et al. Twisted intramolecular charge transfer and aggregation-induced emission of BODIPY derivatives. Journal of Physical Chemistry C，2009，113 (36)：15845-15853.

[12] Leung N L C，Xie N，Yuan W，et al. Restriction of intramolecular motions：the general mechanism behind aggregation-induced emission. Chemistry：A European Journal，2014，20（47）：15349-15353.

[13] Qian H，Cousins M E，Horak E H，et al. Suppression of Kasha's rule as a mechanism for fluorescent molecular rotors and aggregation-induced emission. Nature Chemistry，2017，9（1）：83.

[14] Lin G，Manghnani P N，Mao D，et al. Robust red organic nanoparticles for *in vivo* fluorescence imaging of cancer cell progression in xenografted zebrafish. Advanced Functional Materials，2017，27（31）：1701418.

[15] Lu H，Zheng Y，Zhao X，et al. Highly efficient far red/near-infrared solid fluorophores：aggregation-induced emission，intramolecular charge transfer，twisted molecular conformation，and bioimaging applications. Angewandte Chemie International Edition，2016，55（1）：155-159.

[16] Chen M，Li L，Nie H，et al. Tetraphenylpyrazine-based AIEgens：facile preparation and tunable light emission. Chemical Science，2015，6（3）：1932-1937.

[17] Zhao Z，Lam J W Y，Tang B Z. Tetraphenylethene：a versatile AIE building block for the construction of efficient luminescent materials for organic light-emitting diodes. Journal of Materials Chemistry，2012，22（45）：23726-23740.

[18] Dong Y，Lam J W Y，Qin A，et al. Aggregation-induced emissions of tetraphenylethene derivatives and their utilities as chemical vapor sensors and in organic light-emitting diodes. Applied Physics Letters，2007，91（1）：011111.

[19] Yuan W Z，Gong Y，Chen S，et al. Efficient solid emitters with aggregation-induced emission and intramolecular charge transfer characteristics：molecular design，synthesis，photophysical behaviors，and OLED application. Chemistry of Materials，2012，24（8）：1518-1528.

[20] Xu Z，Gong Y，Dai Y，et al. High efficiency and low roll-off hybrid WOLEDs by using a deep blue aggregation-induced emission material simultaneously as blue emitter and phosphor host. Advanced Optical Materials，2019，7（9）：1801539.

[21] Zhang H，Liu J，Du L，et al. Drawing a clear mechanistic picture for the aggregation-induced emission process. Materials Chemistry Frontiers，2019，3（6）：1143-1150.

[22] Zhao Z，Chen S，Shen X，et al. Aggregation-induced emission，self-assembly，and electroluminescence of 4, 4′-bis（1, 2, 2-triphenylvinyl）biphenyl. Chemical Communications，2010，46（5）：686-688.

[23] Huang J，Sun N，Chen P，et al. Largely blue-shifted emission through minor structural modifications：molecular design，synthesis，aggregation-induced emission and deep-blue OLED application. Chemical Communications，2014，50（17）：2136-2138.

[24] Huang J，Yang M，Yang J，et al. Blue AIE luminogens bearing methyl groups：different linkage position，different number of methyl groups，and different intramolecular conjugation. Organic Chemistry Frontiers，2015，2（12）：1608-1615.

[25] Huang J，Jiang Y，Yang J，et al. Construction of efficient blue AIE emitters with triphenylamine and TPE moieties for non-doped OLEDs. Journal of Materials Chemistry C，2014，2（11）：2028-2036.

[26] Jacky W Y，ZhongáTang B. High hole mobility of 1, 2-bis[4′-（diphenylamino）biphenyl-4-yl]-1, 2-diphenylethene in field effect transistor. Chemical Communications，2011，47（24）：6924-6926.

[27] Zhu X，Wang D，Huang H，et al. Design，syntheses，crystal structures，and photophysical properties of tetraphenylethene-based quinoline derivatives. Dyes and Pigments，2019：107657.

[28] Sun N，Su K，Zhou Z，et al. High-performance emission/color dual-switchable polymer-bearing pendant

tetraphenylethylene（TPE）and triphenylamine（TPA）moieties. Macromolecules，2019，52（14）：5131-5139.

[29] Zhang X，Zhang X，Wang S，et al. Facile incorporation of aggregation-induced emission materials into mesoporous silica nanoparticles for intracellular imaging and cancer therapy. ACS Applied Materials & Interfaces，2013，5（6）：1943-1947.

[30] Chen L，Lin G，Peng H，et al. Dimesitylboryl-functionalized tetraphenylethene derivatives：efficient solid-state luminescent materials with enhanced electron-transporting ability for nondoped OLEDs. Journal of Materials Chemistry C，2016，4（23）：5241-5247.

[31] Tang F，Peng J，Liu R，et al. A sky-blue fluorescent small molecule for non-doped OLED using solution-processing. RSC Advances，2015，5（87）：71419-71424.

[32] Aldred M P，Li C，Zhang G F，et al. Fluorescence quenching and enhancement of vitrifiable oligofluorenes end-capped with tetraphenylethene. Journal of Materials Chemistry，2012，22（15）：7515-7528.

[33] Zhao Z，Chen S，Deng C，et al. Construction of efficient solid emitters with conventional and AIE luminogens for blue organic light-emitting diodes. Journal of Materials Chemistry，2011，21（29）：10949-10956.

[34] Chang Z，Jiang Y，He B，et al. Aggregation-enhanced emission and efficient electroluminescence of tetraphenylethene-cored luminogens. Chemical Communications，2013，49（6）：594-596.

[35] Liu Y，Ye X，Liu G，et al. Structural features and optical properties of a carbazole-containing ethene as a highly emissive organic solid. Journal of Materials Chemistry C，2014，2（6）：1004-1009.

[36] Chan C Y K，Lam J W Y，Zhao Z，et al. Aggregation-induced emission，mechanochromism and blue electroluminescence of carbazole and triphenylamine-substituted ethenes. Journal of Materials Chemistry C，2014，2（21）：4320-4327.

[37] Zhao Z，Lu P，Lam J W Y，et al. Molecular anchors in the solid state：restriction of intramolecular rotation boosts emission efficiency of luminogen aggregates to unity. Chemical Science，2011，2（4）：672-675.

[38] Huang J，Yang X，Wang J，et al. New tetraphenylethene-based efficient blue luminophors：aggregation induced emission and partially controllable emitting color. Journal of Materials Chemistry，2012，22（6）：2478-2484.

[39] Carbas B B，Odabas S，Türksoy F，et al. Synthesis of a new electrochromic polymer based on tetraphenylethylene cored tetrakis carbazole complex and its electrochromic device application. Electrochimica Acta，2016，193：72-79.

[40] Qin W，Liu J，Chen S，et al. Crafting NPB with tetraphenylethene：a win-win strategy to create stable and efficient solid-state emitters with aggregation-induced emission feature，high hole-transporting property and efficient electroluminescence. Journal of Materials Chemistry C，2014，2（19）：3756-3761.

[41] Zhao L，Lin Y，Liu T，et al. Rational bridging affording luminogen with AIE features and high field effect mobility. Journal of Materials Chemistry C，2015，3（19）：4903-4909.

[42] Gong W L，Wang B，Aldred M P，et al. Tetraphenylethene-decorated carbazoles：synthesis，aggregation-induced emission，photo-oxidation and electroluminescence. Journal of Materials Chemistry C，2014，2（34）：7001-7012.

[43] Yuan W Z，Chen S，Lam J W Y，et al. Towards high efficiency solid emitters with aggregation-induced emission and electron-transport characteristics. Chemical Communications，2011，47（40）：11216-11218.

[44] Shi H，Xin D，Gu X，et al. The synthesis of novel AIE emitters with the triphenylethene-carbazole skeleton and para-/meta-substituted arylboron groups and their application in efficient non-doped OLEDs. Journal of Materials Chemistry C，2016，4（6）：1228-1237.

[45] Shi H，Gong Z，Xin D，et al. Synthesis，aggregation-induced emission and electroluminescence properties of a novel compound containing tetraphenylethene，carbazole and dimesitylboron moieties. Journal of Materials

Chemistry C，2015，3（35）：9095-9102.

[46] Li Y，Zhuang Z，Lin G，et al. A new blue AIEgen based on tetraphenylethene with multiple potential applications in fluorine ion sensors，mechanochromism，and organic light-emitting diodes. New Journal of Chemistry，2018，42（6）：4089-4094.

[47] Chen L，Lin G，Peng H，et al. Sky-blue nondoped OLEDs based on new AIEgens：ultrahigh brightness，remarkable efficiency and low efficiency roll-off. Materials Chemistry Frontiers，2017，1（1）：176-180.

[48] Chen W，Zhang C，Han X，et al. Fluorophore-labelling tetraphenylethene dyes ranging from visible to near-infrared region：AIE behavior，performance in solid state and bioimaging in living cells. Journal of Organic Chemistry，2019，84（22）：14498-14507.

[49] Wang Y，Cheng D，Zhou H，et al. Tetraphenylethene-containing cruciform luminophores with aggregation-induced emission and mechanoresponsive behavior. Dyes and Pigments，2019，170：107606.

[50] Ni J S，Zhang P，Jiang T，et al. Red/NIR-emissive benzo[*d*]imidazole-cored AIEgens：facile molecular design for wavelength extending and *in vivo* tumor metabolic imaging. Advanced Materials，2018，30（50）：1805220.

[51] Xie N H，Li C，Liu J X，et al. The synthesis and aggregation-induced near-infrared emission of terrylenediimide-tetraphenylethene dyads. Chemical Communications，2016，52（34）：5808-5811.

[52] Zhao Z，Gao S，Zheng X，et al. Rational design of perylenediimide-substituted triphenylethylene to electron transporting aggregation-induced emission luminogens（AIEgens）with high mobility and near-infrared emission. Advanced Functional Materials，2018，28（11）：1705609.

[53] Zhao Z，Deng C，Chen S，et al. Full emission color tuning in luminogens constructed from tetraphenylethene，benzo-2, 1, 3-thiadiazole and thiophene building blocks. Chemical Communications，2011，47（31）：8847-8849.

[54] Zhao Z，Geng J，Chang Z，et al. A tetraphenylethene-based red luminophor for an efficient non-doped electroluminescence device and cellular imaging. Journal of Materials Chemistry，2012，22（22）：11018-11021.

[55] Li H，Chi Z，Zhang X，et al. New thermally stable aggregation-induced emission enhancement compounds for non-doped red organic light-emitting diodes. Chemical Communications，2011，47（40）：11273-11275.

[56] Qin W，Lam J W Y，Yang Z，et al. Red emissive AIE luminogens with high hole-transporting properties for efficient non-doped OLEDs. Chemical Communications，2015，51（34）：7321-7324.

[57] Li Y，Wang W，Zhuang Z，et al. Efficient red AIEgens based on tetraphenylethene：synthesis，structure，photoluminescence and electroluminescence. Journal of Materials Chemistry C，2018，6（22）：5900-5907.

[58] 李维军，高曌，王志明，等. 含菲并咪唑基团的蓝色电致发光材料. 高等学校化学学报，2014，35（9）：1849-1858.

[59] Hung W Y，Chi L C，Chen W J，et al. A new benzimidazole/carbazole hybrid bipolar material for highly efficient deep-blue electrofluorescence，yellow-green electrophosphorescence，and two-color-based white OLEDs. Journal of Materials Chemistry，2010，20（45）：10113-10119.

[60] Li W，Yao L，Liu H，et al. Highly efficient deep-blue OLED with an extraordinarily narrow FHWM of 35 nm and a *y* coordinate＜0.05 based on a fully twisting donor-acceptor molecule. Journal of Materials Chemistry C，2014，2（24）：4733-4736.

[61] Zhang Y，Wang J H，Zheng J，et al. A Br-substituted phenanthroimidazole derivative with aggregation induced emission from intermolecular halogen-hydrogen interactions. Chemical Communications，2015，51（29）：6350-6353.

[62] Zhang Y，Wang J H，Han G，et al. Phenanthroimidazole derivatives as emitters for non-doped deep-blue organic

light emitting devices. RSC Advances，2016，6（75）：70800-70809.

[63] Zhang Y，Lai S L，Tong Q X，et al. Synthesis and characterization of phenanthroimidazole derivatives for applications in organic electroluminescent devices. Journal of Materials Chemistry，2011，21（22）：8206-8214.

[64] Li C，Wei J，Han J，et al. Efficient deep-blue OLEDs based on phenanthro[9, 10-*d*]imidazole-containing emitters with AIE and bipolar transporting properties. Journal of Materials Chemistry C，2016，4（42）：10120-10129.

[65] Jadhav T，Choi J M，Shinde J，et al. Mechanochromism and electroluminescence in positional isomers of tetraphenylethylene substituted phenanthroimidazoles. Journal of Materials Chemistry C，2017，5（24）：6014-6020.

[66] Zhang G F，Wang H，Aldred M P，et al. General synthetic approach toward geminal-substituted tetraarylethene fluorophores with tunable emission properties：X-ray crystallography，aggregation-induced emission and piezofluorochromism. Chemistry of Materials，2014，26（15）：4433-4446.

[67] Liu F，Tao Y，Li J，et al. Efficient non-doped blue fluorescent organic light-emitting diodes based on anthracene-triphenylethylene derivatives. Chemistry：An Asian Journal，2019，14（7）：1004-1012.

[68] Islam A，Zhang D，Ouyang X，et al. Multifunctional emitters for efficient simplified non-doped blueish green organic light emitting devices with extremely low efficiency roll-off. Journal of Materials Chemistry C，2017，5（26）：6527-6536.

[69] Dong Y，Qian J，Liu Y，et al. Imidazole-containing cyanostilbene-based molecules with aggregation-induced emission characteristics：photophysical and electroluminescent properties. New Journal of Chemistry，2019，43（4）：1844-1850.

[70] Thangthong A，Prachumrak N，Saengsuwan S，et al. Multi-triphenylamine-substituted bis (thiophenyl) benzothiadiazoles as highly efficient solution-processed non-doped red light-emitters for OLEDs. Journal of Materials Chemistry C，2015，3（13）：3081-3086.

[71] Feng X，Hu J Y，Redshaw C，et al. Functionalization of pyrene to prepare luminescent materials：typical examples of synthetic methodology. Chemistry：A European Journal，2016，22（34）：11898-11916.

[72] Figueira-Duarte T M，Mullen K. Pyrene-based materials for organic electronics. Chemical Reviews，2011，111（11）：7260-7314.

[73] Islam M M，Hu Z，Wang Q，et al. Pyrene-based aggregation-induced emission luminogens and their applications. Materials Chemistry Frontiers，2019，3（5）：762-781.

[74] Zhao Z，Chen S，Lam J W Y，et al. Creation of highly efficient solid emitter by decorating pyrene core with AIE-active tetraphenylethene peripheries. Chemical Communications，2010，46（13）：2221-2223.

[75] Yang J，Guo Q，Wen X，et al. Pyrene-based blue AIEgens：tunable intramolecular conjugation，good hole mobility and reversible mechanochromism. Journal of Materials Chemistry C，2016，4（36）：8506-8513.

[76] Yang J，Qin J，Ren Z，et al. Pyrene-based blue aiegen：enhanced hole mobility and good EL performance in solution-processed OLEDs. Molecules，2017，22（12）：2144.

[77] Zhao Z，Chen S，Lam J W Y，et al. Pyrene-substituted ethenes：aggregation-enhanced excimer emission and highly efficient electroluminescence. Journal of Materials Chemistry，2011，21（20）：7210-7216.

[78] Yang J，Li L，Yu Y，et al. Blue pyrene-based AIEgens：inhibited intermolecular π-π stacking through the introduction of substituents with controllable intramolecular conjugation，and high external quantum efficiencies up to 3.46% in non-doped OLEDs. Materials Chemistry Frontiers，2017，1（1）：91-99.

[79] Feng X，Xu Z，Hu Z，et al. Pyrene-based blue emitters with aggregation-induced emission features for high-performance organic light-emitting diodes. Journal of Materials Chemistry C，2019，7（8）：2283-2290.

[80] Jadhav T，Dhokale B，Mobin S M，et al. Aggregation induced emission and mechanochromism in pyrenoimidazoles. Journal of Materials Chemistry C，2015，3（38）：9981-9988.

[81] Liu Y，Bai Q，Li J，et al. Efficient pyrene-imidazole derivatives for organic light-emitting diodes. RSC Advances，2016，6（21）：17239-17245.

[82] Liu Y，Shan T，Yao L，et al. Isomers of pyrene-imidazole compounds：synthesis and configuration effect on optical properties. Organic Letters，2015，17（24）：6138-6141.

[83] Tang B Z，Zhan X，Yu G，et al. Efficient blue emission from siloles. Journal of Materials Chemistry，2001，11（12）：2974-2978.

[84] Yang J，Sun N，Huang J，et al. New AIEgens containing tetraphenylethene and silole moieties：tunable intramolecular conjugation，aggregation-induced emission characteristics and good device performance. Journal of Materials Chemistry C，2015，3（11）：2624-2631.

[85] Ruan Z，Li L，Wang C，et al. Tetraphenylcyclopentadiene derivatives：aggregation-induced emission，adjustable luminescence from green to blue，efficient undoped OLED performance and good mechanochromic properties. Small，2016，12（47）：6623-6632.

[86] Jiang T，Jiang Y，Qin W，et al. Naphthalene-substituted 2, 3, 4, 5-tetraphenylsiloles：synthesis，structure，aggregation-induced emission and efficient electroluminescence. Journal of Materials Chemistry，2012，22（38）：20266-20272.

[87] Xiong Y，Zeng J，Chen B，et al. New carbazole-substituted siloles for the fabrication of efficient non-doped OLEDs. Chinese Chemical Letters，2019，30（3）：592-596.

[88] Nie H，Chen B，Zeng J，et al. Excellent n-type light emitters based on AIE-active silole derivatives for efficient simplified organic light-emitting diodes. Journal of Materials Chemistry C，2018，6（14）：3690-3698.

[89] Chen L，Jiang Y，Nie H，et al. Creation of bifunctional materials：improve electron-transporting ability of light emitters based on AIE-active 2, 3, 4, 5-tetraphenylsiloles. Advanced Functional Materials，2014，24（23）：3621-3630.

[90] Nie H，Chen B，Quan C，et al. Modulation of aggregation-induced emission and electroluminescence of silole derivatives by a covalent bonding pattern. Chemistry：A European Journal，2015，21（22）：8137-8147.

[91] Lin G，Chen L，Peng H，et al. 3, 4-Donor-and 2, 5-acceptor-functionalized dipolar siloles：synthesis，structure，photoluminescence and electroluminescence. Journal of Materials Chemistry C，2017，5（20）：4867-4874.

聚集诱导延迟荧光材料及其 OLED 器件

显示技术是重要的信息载体之一，它的发展推动着人类文明的进步。有机发光二极管（OLED）由于其灵活性、自发光和响应速度快等优点，被认为是下一代照明、显示技术。1963 年，人们首次在蒽单晶中发现了电能转化为光的过程，即电致发光（EL），但其驱动电压过高，无法实际应用[1]。OLED 的重大突破出现在 1987 年，邓青云和 VanSlyke 首次报道了一种基于三（8-羟基喹啉）铝（Alq_3）的双层有机器件，在驱动电压低于 10 V 时，外量子效率（EQE）为 1%[2]。不久之后，另一个重要的突破是于 1990 年聚合物实现电致发光[3]。这些进展为 OLED 的新技术埋下了种子。此后，OLED 吸引了科学界和工业界的广泛关注，OLED 的大规模商业化指日可待。

为了使 OLED 在平板显示和照明上具有商业可行性，最关键的问题之一是开发高效的有机电致发光材料。迄今，已经有大量的荧光团被用于提升 OLED 的 EL 性能。与光致激发不同，电致激发光是通过注入 OLED 电极中的空穴和电子的复合而产生的。根据自旋统计，电致激发所产生的激子由单线态激子和三线态激子组成，比例为 1∶3[4, 5]。单线态激子直接而迅速地转化为光子，产生瞬态荧光 EL。因此，传统的荧光 OLED 只能利用其电致激发中的单线态激子，其内量子效率（IQE）被限制在 25%。基于只有 20%～30%生成的光子可以从设备中发射出去的假设，理论上传统荧光 OLED 最高的 EQE 被限制在 5%～7.5%[6]。为了提高器件的效率，人们在利用无辐射且寿命较长的三线态激子方面付出了巨大的努力。1998 年，基于 Os(Ⅱ)和 Pt(Ⅱ)配合物制备的 OLED 打破了效率的限制，这标志着基于磷光 OLED 的诞生[7, 8]。事实上，磷光 OLED 可以达到接近 100%的 IQE，主要是利用了配合物中重金属（如铂和铱）的强自旋轨道耦合效应[9-11]。然而，贵金属配合物高昂的价格和潜在的环境污染是长期限制磷光 OLED 大规模生产的主要因素。此外，高效的纯蓝色和深蓝色磷光材料仍有迫切的应用需求。

针对这些问题，热活化延迟荧光（TADF）[12-19]、三线态-三线态湮灭（TTA）[20, 21]和杂化局部电荷转移（HLCT）[22-24]等几种策略已被开发出来。其中，TADF 是解决这些问题最有潜力的候选方案。TADF 现象的发现可以追溯到 20 世纪 60 年代，早前被称为“E 型”延迟荧光（DF）[25]。许多有机材料如曙红[25]、富勒烯[26]和卟啉[27]等的衍生物具有典型的 TADF 性质。值得注意的是，2012 年 Adachi 等在利用 TADF 分子提高 OLED 性能方面做出了重大贡献[28, 29]。与磷光材料类似，纯有机 TADF 发光分子利用热能通过高效的反向系间穿越（RISC）过程也可以同时获得单线态和三线态激子，达到理论上 100%的 IQE。根据玻尔兹曼统计，如果单线态-三线态能级差（ΔE_{ST}）足够小，则在给定温度下可以有效地进行 RISC 过程[30]。原则上，ΔE_{ST} 与两个未配对电子在激发态的交换能量成正比[31]。因此，通过分子工程将 HOMO 和 LUMO 进行空间波函数分离，可以实现小的 ΔE_{ST}。

近年来，基于该分子设计原则开发了许多高效的 TADF 发光材料，如三嗪类[32]、砜类[33, 34]、苯甲酮类[35]、螺芴类[36, 37]、氧杂蒽酮类[38, 39]、喹喔啉类[40, 41]等衍生物。用有机 TADF 发光分子制备的 OLED 显示出与最先进的磷光 OLED 一样出色的 EL 性能。因此，TADF 发光材料被认为是第三代 OLED 发光材料。然而，大多数传统的 TADF 发光材料遭受浓度引起的发光猝灭，以及由于其激发态寿命长而造成的激子湮灭过程。主客体掺杂技术已被广泛用于规避这一基本问题。经过多年的快速发展，掺杂的蓝光 OLED 的 EQE 达到了 37.5%[42]，绿光达到 31.3%[43]，黄光达到 21.5%[16]，橙光达到 29.2%[44]，红光达到 17.5%[45]。但这种方法需要精确控制掺杂浓度，相分离和器件重复性的问题也非常麻烦。特别是对于基于 TADF 发光材料的掺杂 OLED 而言，在高亮度下严重的效率滚降仍然是一个难题[46]。

与掺杂 OLED 相比，非掺杂 OLED 具有结构和工艺简单、制造成本低、稳定性高等优点。从商业应用的角度来看，开发基于廉价纯有机发光材料的高效非掺杂 OLED 具有重要意义。通过精细的分子结构调控，少数 TADF 发光材料在非掺杂 OLED 中具有良好的应用潜力，但其器件性能却无法与掺杂 OLED 相比。聚集诱导发光（AIE）是一种有趣的光物理现象，发光分子在稀溶液中表现为微弱的发光，但在聚集态时变成强发光，是抑制浓度猝灭和激子湮灭的有效方法[47-53]。具有 AIE 特性的发光体（AIEgens）可以在纯膜中有效发光，并已被证明在非掺杂 OLED 中具有出色的性能[54-61]。将 DF 融合到 AIEgens 中，有望获得具有更高激子利用率的聚集态发光材料。事实上，新出现的聚集诱导延迟荧光（AIDF）发光材料已经表现出了令人印象深刻的 EL 特性，并可能为非掺杂 OLED 带来新的突破[62, 63]。在本章中，我们系统地总结了基于有机延迟荧光材料的高性能非掺杂 OLED 的最新进展，深入讨论了传统 TADF 材料和新型 AIDF 发光材料的分子设计策略、光物理性能和器件性能。将为开发高性能非掺杂 OLED 的发光材料提供有价值的见解。

3.1 基于传统 TADF 发光材料的非掺杂 OLED

由于激发态寿命长，传统的 TADF 发光材料通常会面临严重的浓度猝灭和激子湮灭的问题。与传统的荧光和磷光分子不同，Förster 能量转移不能很好地解释 TADF 发光材料的浓度猝灭问题。为了进一步洞察猝灭机理，Yasuda 等[38]使用氧杂蒽酮（XT）作为电子受体单元和 1, 3, 6, 8-四甲基咔唑（MCz）、9, 10-二氢-9, 9-二苯基吖啶（PAc）、螺(吖啶-9, 9′-氧杂蒽)（XAc）、和螺(吖啶-9, 9′-芴)（FAc）作为给电子（推电子）单元，设计了四种基于 XT 的 TADF 分子（图 3-1）。这四个分子（MCz-XT、PAc-XT、XAc-XT 和 FAc-XT 在掺杂薄膜（5 wt% emitter：PPF，wt%表示质量分数）中表现出明显的 TADF 特性，发射峰位于 480 nm 处，属于蓝光发射；其光致发光量子产率（PLQY）为 95.0%～98.8%。然而，以 MCz 为给体的平面性 MCz-XT 分子，其 PLQY 值在纯膜中下降至 49.8%，表现出强烈的浓度猝灭效应。值得注意的是，基于 MCz-XT 的非掺杂 OLED，最大 EQE 相对较低，仅为 5.2%，并表现出严重的效率滚降。相反，采用含有非平面螺旋吖啶给体单元的 PAc-XT、XAc-XT 和 FAc-XT 分子作为发光层（EML），可以实现最大 EQE 分别为 11.2%、14.1%和 12.6%的高效非掺杂 OLED，且相对缓解了效率滚降问题。这项工作实际上说明了基于三线态激

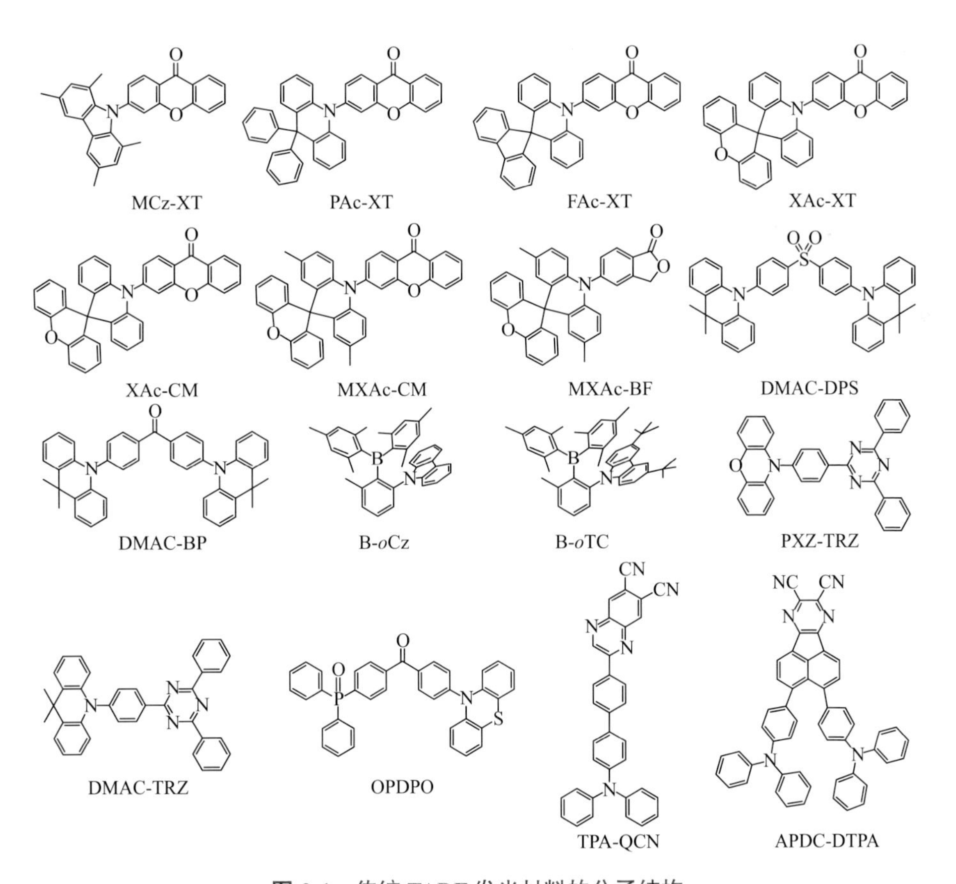

图 3-1　传统 TADF 发光材料的分子结构

子电子交换相互作用的Dexter能量转移能够解释TADF发光材料的浓度猝灭。虽然用基于XT的TADF分子制备的OLED表现出优异的EL性能，但由于其相对较大的π共轭体系和较强的吸电子能力，使用XT作为受体很难实现深蓝发光。因此，Yasuda等[64]选择了具有合适的π共轭体系的苯酞（BF）和色酮（CM）作为受体构建单元，与螺(2, 7-二甲基吖啶-9, 9′-氧杂蒽)（MXAc）或XAc给体结合得到高效的蓝光TADF分子。MXAc-BF、MXAc-CM和XAc-CM在纯膜中表现出强烈的蓝光发射（460～482 nm）和高的PLQY值（53%～78%）。实验确定的ΔE_{ST}值为0.08～0.11 eV，有利于激子的上转换。采用这些发光材料的多层非掺杂OLED表现出优异的EL性能，且效率滚降很小。

Adachi等[65]报道了两种对称D-A-D结构分子，即DMAC-DPS和DMAC-BP，其中9, 10-二氢-9, 9-二甲基吖啶（DMAC）作为电子给体，二苯砜（DPS）或苯甲酮（BP）作为电子受体。DMAC单元上的甲基会抑制分子间的相互作用，导致纯膜中相对较高的PLQY。得益于它们的高PLQY、高热稳定性、短激发态寿命和具有双极性电荷传输能力，分别制备了基于DMAC-DPS（λ_{max}：470 nm；PLQY：88%）和DMAC-BP（λ_{max}：506 nm；PLQY：85%）的单层、双层和三层非掺杂OLED。其中，基于DMAC-DPS的三层非掺杂器件（ITO/MoO_3/mCP/EML/DPEPO/LiF/Al）的EQE最高，为19.5%，其与高效的蓝光磷光OLED性能相当。类似的非掺杂OLED（ITO/MoO_3/mCP/EML/TPBi/LiF/Al）使用DMAC-BP作为EML也表现出非常好的性能，最大EQE为18.9%，功率效率（$\eta_{P, max}$）为59 $lm \cdot W^{-1}$，亮度为45300 $cd \cdot m^{-2}$。值得注意的是，在1000 $cd \cdot m^{-2}$的亮度下，其EQE也保持在18.0%，表现出优异的效率稳定性。正如预期的那样，他们证明了结构简单的非掺杂OLED也可以和掺杂OLED一样高效率。与Adachi等报道的TADF分子PXZ-TRZ相似，Wu等[66]用DMAC单元代替吩噁嗪（PXZ）给体设计了一种高效的发光分子DMAC-TRZ（λ_{max}：500 nm；PLQY：83%；ΔE_{ST}：0.05 eV）。高的PLQY、低的浓度猝灭以及小的ΔE_{ST}使得DMAC-TRZ能够在非掺杂OLED中有效地发挥作用。其非掺杂器件结构（ITO/PEDOT：PSS/TAPC/mCP/DMAC-TRZ/DPPS/3TPYMB/LiF/Al）的最大EQE高达20%，$\eta_{C, max}$和$\eta_{P, max}$分别为61.1 $cd \cdot A^{-1}$和45.7 $lm \cdot W^{-1}$。但在1000 $cd \cdot m^{-2}$亮度下的效率滚降仍然很大。Chi等[67]基于吩噻嗪（PTZ）给体、BP和磷酸二苯酯受体制备了一种高效的黄光TADF分子OPDPO。基于OPDPO的非掺杂OLED采用ITO/PEDOT：PSS/CBP/OPDPO/CPBi/Mg/Ag的器件结构，然后他们调整了纯OPDPO的EML厚度以优化器件的性能。结果表明，具有7 nm EML厚度的OPDPO的非掺杂OLED的器件性能最好，$\eta_{C, max}$、$\eta_{P, max}$和最大EQE分别为37.6 $cd \cdot A^{-1}$、14.8 $lm \cdot W^{-1}$和16.6%。同时，他们获得了基于OPDPO的高性能非掺杂混合白光OLED，揭示了其在光电子领域的广阔前景[68, 69]。

目前，TADF 分子通常是通过利用空间位阻效应扭曲连接给体和受体来设计的。然而，HOMO 和 LUMO 的充分分离所需的小 ΔE_{ST} 将导致较小的跃迁偶极矩，从而降低辐射效率。因此，平衡小的 ΔE_{ST} 和高的 PLQY 十分重要，特别是对于蓝光 TADF 材料来说。Lu 等[70]提出了一种新概念，设计出了具有芳基连接体与给/受体之间空间电荷转移效应的蓝光 TADF 分子 B-oCz 和 B-oTC。B-oCz 和 B-oTC 纯膜的 ΔE_{ST} 值分别为 0.06 eV 和 0.05 eV，PLQY 分别为 61%和 94%。基于 B-oTC 的非掺杂溶液加工的蓝光 OLED 实现创纪录的 EQE，为 19.1%。这项工作将为开发高效的延迟荧光材料开辟一条新的途径。

人们在开发蓝色、绿色、黄色或橙红色的 TADF 材料方面已经做出了大量的努力，然而，探索高效的长波长 TADF 发光材料仍然是一个巨大的挑战。在这种情况下，Wang 等[71]制备了一种近红外发光分子 TPA-QCN，其是由一个杂环喹喔啉-6, 7-二甲腈（QCN）作为电子受体，一个三苯胺（TPA）作为电子给体和一个苯环作为 π 桥构成的 D-π-A 结构分子。该分子纯膜中显示出了强近红外发射（λ_{max}：733 nm；PLQY：21%）和典型的 TADF 性能。基于 TPA-QCN 分子制备了高效非掺杂 OLED，EL 发射波长为 728 nm，$\eta_{P,\,max}$ 为 0.3 $lm \cdot W^{-1}$，最大 EQE 为 3.9%。这些工作为实现高性能深红光和近红外 OLED 的高效有机发光材料提供了一条新的思路。根据 Wang 等的工作，近红外 OLED 的效率和颜色纯度仍有很大的改进空间。Liao 等[72]选择了比 QCN 更强的吸电子受体苊[1, 2-*b*]吡嗪-8, 9-二甲腈（APDC）来构建 D-A 体系。然后使用 APDC 结合两个二苯胺（DPA）给体单元，获得了高效的近红外 TADF 发光分子 APDC-DTPA。APDC-DTPA 具有良好的热稳定性，纯膜中具有较小的 ΔE_{ST}，为 0.14 eV，较强的近红外发光（λ_{max}：756 nm；PLQY：17%）。利用 APDC-DTPA 得到了非掺杂的近红外 OLED（ITO/MoO_3/NPB/TCTA/APDC-DTPA/TPBi/Liq/Al），其表现出优异的性能，EL 发射峰在 777 nm，最大 EQE 为 2.19%。

除了 TADF 小分子外，具有 TADF 性质的树枝状大分子和聚合物也表现出通过溶液加工制备高效非掺杂 OLED 的潜力。如上所述，DMAC-BP 已被证明是一种优秀的发光分子。Yang 等[73]用咔唑单元对 DMAC-BP 进行了修饰，构建了咔唑树枝化的 TADF 发光分子，旨在提高空穴注入和传输能力，抑制激子猝灭，实现 OLED 低效率滚降。树枝状大分子 CDE1 和 CDE2 计算的 ΔE_{ST} 分别为 0.11 eV 和 0.15 eV。在氮气条件下，纯膜中 CDE1 和 CDE2 的 PLQY 分别高达 77%和 75%。基于树枝状大分子 CDE1 的溶液加工非掺杂 OLED 的最大 EQE 为 13.8%。在 1000 $cd \cdot m^{-2}$ 的高亮度下，EQE 保持在 13.3%，该方法将 TADF 和激基复合物发光相结合，充分捕获了所有产生的激子。Cheng 等[74]报道了四种含有吖啶/咔唑给体骨架和三苯基三嗪受体的共轭高分子（PCzATD1、PCzATD5、PCzATD10、PCzATD25）。这些高分子 ΔE_{ST} 值小（0.08～0.14 eV），荧光寿命短（1.0～1.4 μs），

PLQY 值高达 90%，其在纯膜中表现出 TADF 性能。基于这些高分子制备了非掺杂 OLED（ITO/PEDOT：PSS/EML/TmPyPB/LiF/ Al）。所有器件均显示黄光发射（545～565 nm），具有较低的启动电压（2.5～2.7 eV）。由于高效的电荷注入和传输，非掺杂 OLED 的最大 EQE 达到 15.5%，效率滚降极小。这些溶液加工的 TADF 高分子在大规模生产非掺杂 OLED 方面非常具有前景。

3.2 基于新型 AIDF 发光材料的非掺杂 OLED

上述大多数 TADF 发光材料在凝聚态时普遍存在浓度猝灭效应，从而在一定程度上导致其非掺杂 OLED 的 EL 性能下降。因此，开发在纯膜中能同时满足高 PLQY 和低激子湮灭要求的 TADF 发光材料具有重要意义。独特的 AIE 性能可以从本质上解决聚集导致猝灭（ACQ）问题。此外，AIEgens 通常具有高度扭曲的构象，这与 TADF 分子的结构设计基本一致。因此，赋予 AIEgens 延迟荧光特性以开发出高效、低效率滚降特性的非掺杂 OLED 是一种可行的方法。

为了证明这一设计理念，我们制备了一系列 D-A-D 型发光分子——DPS-PXZ、DBTO-PXZ、DPS-PTZ 和 DBTO-PTZ（图 3-2），其中二苯砜（DPS）或氧化二苯并噻吩（DBTO）作为电子受体单元，PXZ 或 PTZ 作为给电子单元[75]。扭曲的构象有利于实现 HOMO-LUMO 的有效分离，抑制分子间强的 π-π 相互作用。这些发光材料同时表现出了优越的 AIE 和 TADF 特性，这对非掺杂 OLED 的潜在应用具有重要意义。同年，Yasuda 等[76]通过利用缺乏电子的二十面体硼团簇——邻碳硼烷，一定程度赋予 AIEgens TADF 性质的方法也证实了此分子设计策略的可行性。为了验证结构调节对其光物理性质的影响，他们制备了三种分子（PCz-CB-TRZ、TPA-CB-TRZ 和 2PCz-CB），并在四氢呋喃（THF）/水混合物中观察到这些分子具有明显的 AIE 特性，在纯膜中的 PLQY 高达 97%。更确切地说，它们有足够小的ΔE_{ST}值（0.003～0.146 eV）以实现有效的 RISC，因此表现出 TADF 特性。显然，这些分子同时具有 AIE 和 TADF 特性。采用 PCz-CB-TRZ 作为 EML 的非掺杂 OLED 的最大 EQE 为 11.0%，L_{max}为 4530 cd·m^{-2}。在另一篇文章中，Yasuda 等报道了两个同时具有 AIE 和 TADF 特性的新分子 PTZ-XT 和 PTZ-BP，其中 PTZ 为给电子单元，XT 或 BP 为电子受体单元[39]。在纯膜中，PTZ-XT 和 PTZ-BP 发出黄光（λ_{max}分别为 545 nm 和 565 nm），PLQY 分别为 53%和 31%。基于 PTZ-XT 和 PTZ-BP 的非掺杂 OLED 的最大 EQE 值分别为 11.1%和 7.6%。这些工作表明，具有 AIE 和 TADF 特性的发光材料存在构筑高效非掺杂 OLED 的巨大潜力，但目前非掺杂 OLED 的性能仍远低于掺杂 OLED 的性能，且仅部分缓解了严重的效率滚降问题。

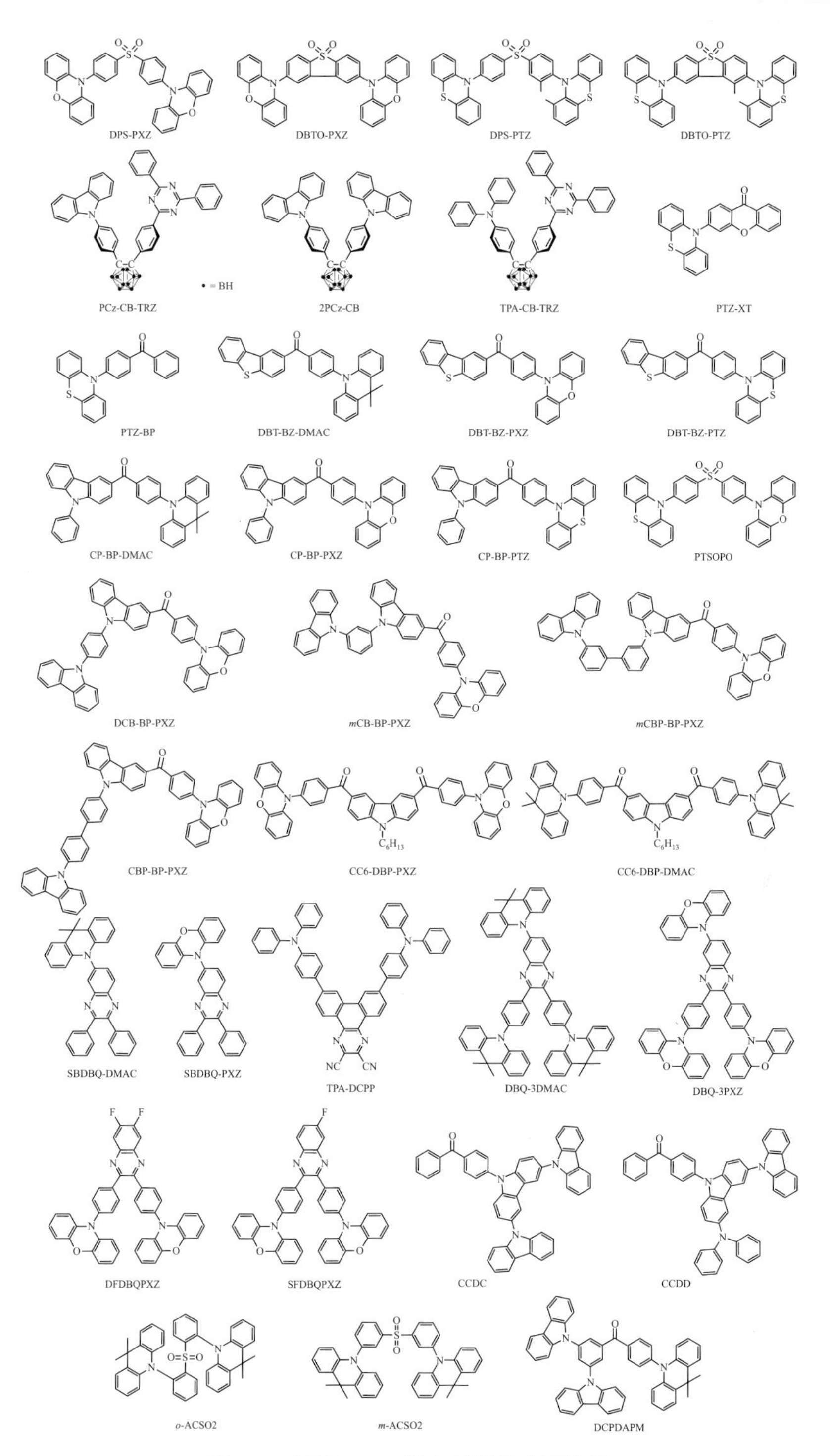

图 3-2　新型 AIDF 发光材料的分子结构

相信通过基于具有 AIE 和 TADF 特性的发光材料制备非掺杂 OLED 的策略能够提高非掺杂 OLED 的 EL 效率以及缓解效率滚降等问题。通过将 DMAC 和二苯并噻吩（DBT）给体引入到苯甲酰（BZ）核中，笔者设计并合成了一种不对称的 D-A-D′分子——DBT-BZ-DMAC。该分子表现出独特的 AIE 和 TADF 特性[77]。AIE 特性保证了 DBT-BZ-DMAC 在纯膜中具有 80.2%的强固态 PLQY，而在电激发下的高激子利用率则依赖于 TADF 特性。受双重特性的启发，我们设计了结构为 ITO/TAPC/DBT-BZ-DMAC/TmPyPB/LiF/Al 的非掺杂 OLED。如预期的那样，此非掺杂 OLED 的 EL 效率较高，$\eta_{C,\max}$、$\eta_{P,\max}$ 和 EQE 分别高达 43.3 cd·A^{-1}、35.7 lm·W^{-1} 和 14.2%，与掺杂器件性能相当。值得注意的是，当亮度为 1000 cd·m^{-2} 时，η_C、η_P 和 EQE 仍然保持在 43.1 cd·A^{-1}、33.1 lm·W^{-1} 和 14.2%。这表明非掺杂 OLED 的效率滚降可以忽略不计，且效率很稳定。作为对照组，我们还制备了结构相同的在 CBP 中掺杂浓度不同的 DBT-BZ-DMAC 的掺杂器件。这些掺杂器件的外量子效率-亮度曲线如图 3-3（a）所示。结果表明，随着掺杂浓度的增加，EL 效率有一定程度的降低，但效率滚降得到了很好的控制。这些结果说明，AIE 特性在抑制激子湮灭和实现 OLED 优异性能方面起着至关重要的作用。随后，我们用 PXZ 或 PTZ 取代 DMAC 作为给电子单元，得到两个新的 AIE-TADF 分子，即 DBT-BZ-PXZ 和 DBT-BZ-PTZ[78]。此外我们还对其光物理性能、热稳定性和 EL 性能进行了深入的研究，其具有与基于 DBT-BZ-DMAC 的器件相同的结构。以 DBT-BZ-PXZ 和 DBT-BZ-PTZ 作为 EML 的 OLED 的启动电压仅分别为 2.9 V 和 2.7 V，这体现出这些分子在这样简单的器件结构中具有有效的载流子输运和注入能力。这些器件的 EL 效率最高达 26.6 cd·A^{-1}（$\eta_{C,\max}$）、29.1 lm·W^{-1}（$\eta_{P,\max}$）和 9.7%（EQE）。这说明合理地选择、结合给电子和吸电子单元对于制备出高效率发光分子也是非常重要的。类似地，这些非掺杂 OLED 的效率滚降也非常小，这可

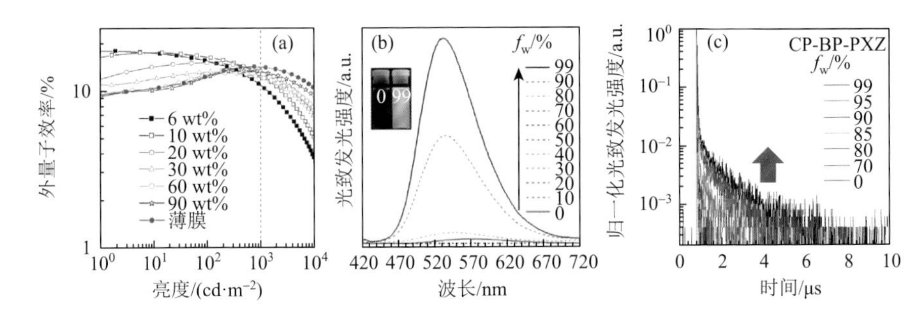

图 3-3 （a）基于分子 DBT-BZ-DMAC 的掺杂、非掺杂 OLED 的外量子效率–亮度曲线；（b）不同水含量（f_w，体积分数）下的 THF/水混合溶液的 PL 光谱［插图：在 365 nm 激发波长下拍摄的不同水含量（f_w = 0%和 99%）THF/水混合溶液的照片］；（c）不同 f_w（体积分数）下的 THF/水混合溶液的 PL 衰减光谱[78, 79]

能是由于其突出的 AIE 和 TADF 特性抑制了可能存在的强分子间相互作用和激子湮灭。因此，结合 AIE 和 TADF 来设计合成新型稳定发光材料将是一种很有前途的策略，可以实现高效和稳定的非掺杂 OLED。

到目前为止，在全世界研究人员的不断努力下，许多具有 AIE 和 TADF 特性的发光材料已经被报道出来。但是，我们推测 AIE 和 TADF 特性在同一分子中既不是绝对独立的，也不是简单的物理性质的结合。换言之，AIE 和 TADF 特性之间必然存在内在联系。通过深入、系统的研究，并基于一系列新型发光材料（CP-BP-PXZ、CP-BP-PTZ、CP-BP-DMAC）[79]，我们提出了一个新概念——AIDF。在稀 THF 溶液中，CP-BP-PXZ 无法观察到延迟荧光组分，荧光寿命仅为 11.8 ns。但随着大量水加入 THF 溶液中而形成聚集体后，其荧光寿命变长且有明显的荧光延迟特性，这便说明延迟荧光是由聚集引起的，即 AIDF［图 3-3（b）、（c）］。笔者在对 CP-BP-PTZ 和 CP-BP-DMAC 分子的研究中也观察到类似的现象。这些 AIDF 特性保证了在薄膜状态下高 PL 效率和有效的激子利用率。因此，我们制备了结构为 ITO/TAPC/EML/TmPyPB/LiF/Al 的非掺杂 OLED，其中 EML 均为这些 AIDF 发光材料的薄膜。CP-BP-PXZ 非掺杂器件发出明亮的黄光（548 nm），$\eta_{C,max}$、$\eta_{P,max}$ 和最大 EQE 分别为 59.1 $cd·A^{-1}$、65.7 $lm·W^{-1}$ 和 18.4%。当亮度为 1000 $cd·m^{-2}$ 时，电流效率下降仅为 1.2%，显示出良好的效率稳定性。在这些非掺杂 OLED 中，电子和空穴得到了很好的平衡和有效的复合，激子利用率接近 100%。通过分析在大多数掺杂 OLED 中所使用的主体材料，我们进一步通过将 AIDF 片段（如 BP-PXZ）引入一些常见的主体材料中，如 *m*CBP 和 CBP，设计了一系列新型 AIDF 材料[80]。得益于其出色的光物理性能（PLQY：66.0%～71.6%；ΔE_{ST}：0.016～0.024 eV），我们获得了一系列基于 AIDF 材料制备的高效率非掺杂 OLED。在单载器件中低至 2.5 V 的开启电压和接近的空穴与电子迁移率都表明了载流子在 AIDF 发光分子中可以有效地注入和输运。上述器件的 $\eta_{C,max}$ 和 $\eta_{P,max}$ 也分别达到了 69～72.9 $cd·A^{-1}$ 和 75.0～81.8 $lm·W^{-1}$。同时，其最大 EQE 达到了 21.4%～22.6%，且在 1000 $cd·m^{-2}$ 下的也只降低至 19.2%～20.1%。此外，通过进一步优化分子结构，基于 AIDF 材料制备的非掺杂 OLED 的 EL 性能仍有很大的提升空间。近年来，我们获得了许多高效的非掺杂 OLED。在这些非掺杂 OLED 中，L_{max} 接近 100000 $cd·m^{-2}$，EQE 高达 22.6%，并且在 1000 $cd·m^{-2}$ 时的效率滚降可以忽略不计。这是迄今被报道过的最高效率的非掺杂 OLED[80]。这些结果再次证明，AIDF 材料是制备高效率、稳定的非掺杂 OLED 可行的候选材料。

制备高效率 OLED 器件的一般方法是真空沉积，但这一工艺相对复杂，成本高且要求工程精度高。相比之下，近年来发展起来的溶液加工工艺，如旋涂、喷墨打印等被认为是成本低、效率高的 OLED 制造方法[81, 82]。最近发展起来的溶液可加工的 OLED 是基于一些发光聚合物，这些聚合物通过溶液加工而具有良好的成膜能力[83-85]，但制备这些聚合物时经常遭遇的金属催化剂残留、聚合物内部结构缺陷和低重现性等问题影响了其 EL 性能。在这种情况下，一些新型的溶液可加工且具有 AIDF 特性的有机小分子被设计出来。通过将一个柔软的长烷基链引入到咔唑的九号位，我们制备了两种可用于溶液加工的 AIDF 材料 CC6-DBP-PXZ 和 CC6-DBP-DMAC。这些材料可以通过旋涂技术形成光滑的薄膜且具有明显的 AIDF 特性，PLQY 分别为 38.3%和 59.5%，ΔE_{ST} 也非常小，分别为 0.02 eV 和 0.04 eV。基于 CC6-DBP-DMAC 旋涂膜的非掺杂 OLED 的最大 EQE 为 9.02%。更重要的是，该器件在 5000 $cd \cdot m^{-2}$ 时的效率滚降仅为 4.8%，这远远优于之前报道过的一些基于 TADF 发光分子的溶液加工的 OLED[86]。这项工作可能为制备可溶液加工的 AIDF 材料提供一种简单而有效的方法，且该材料具有可能被大规模商业化应用的巨大潜力。

AIDF 材料在非掺杂 OLED 中表现出的优异性能激发了研究人员对这类发光器件的更多研究。基于这些同时具有 AIE 和 TADF 特性的新型发光材料作为 EML 的非掺杂 OLED 具有高效率和良好的稳定性的特点。例如，Yang 等[40]将 DMAC 或 PXZ 单元引入喹喔啉框架，得到了四种化合物，SBDBQ-DMAC、DBQ-3DMAC、SBDBQ-PXZ 和 DBQ-3PXZ。由于给电子能力和给电子量的不同，这些发光分子发出的荧光从绿色到红色（541 nm、551 nm、594 nm 和 618 nm）。通过对 THF/水混合物的 PL 光谱和 100～300 K 的瞬态 PL 光谱分析，揭示了它们的 AIE 和 TADF 特性。在电场激发下，这些发光材料在非掺杂 OLED 中的 EL 发射光谱与它们在纯膜中的 PL 光谱一致。这一现象表明载流子的注入和运输处于良好的平衡状态，并且电荷复合区被限制在 EML 内部。基于 DBQ-3DMAC 的非掺杂 OLED 的 EL 效率最高，$\eta_{C,\max}$、$\eta_{P,\max}$ 和最大 EQE 分别为 41.2 $cd \cdot A^{-1}$、45.4 $lm \cdot W^{-1}$ 和 12.0%。紧接着上述报道，Yang 等[41]继续利用喹喔啉体系设计新的高效材料。通过引入氟原子，他们得到了两个具有明显 AIDF 特性的新分子（SFDBQPXZ 和 DFDBQPXZ）。基于 SFDBQPXZ 和 DFDBQPXZ 的非掺杂 OLED 在电场的激发下发出黄光（分别为 584 nm 和 588 nm）。其最大 EQE 分别达到 10.1%和 9.8%，且仅有较小的效率滚降。最近，他们进一步报道了两个同分异构体化合物（*o*-$ACSO_2$ 和 *m*-$ACSO_2$）。这两个化合物都具有独特的 AIE 和 TADF 特性以及良好的溶解度[87]。其中，*m*-$ACSO_2$ 的 PLQY 最高，为 76%，并且ΔE_{ST}较小，为 0.07 eV，薄膜形貌完整。不出所料，基于 *m*-$ACSO_2$ 的溶液加工天蓝光 OLED 的 EQE 达到了最高值，为 17.2%。

此外，其他研究小组也开展了 AIE-TADF 材料的开发和应用研究。Su 等[88]报道了两个 D-A 结构型分子（CCDC 和 CCDD），由稳定的 BP 受体和树枝状给体组成。尽管 CCDC 和 CCDD 的结构相似，但它们在不良溶剂中形成的纳米聚集体的 PL 行为有很大的不同。在稀 THF 溶液中，CCDC 的发光能力较强，而

CCDD 的 PLQY 较低，小于 1%。在 THF 溶液中加入大量的水，CCDC 的发光强度急剧下降，表现出典型的 ACQ 效应，而 CCDD 具有明显的 AIE 特性。基于 CCDD 的非掺杂 OLED 的 $\eta_{C,max}$、$\eta_{P,max}$ 和最大 EQE 分别高达 39.8 cd·A^{-1}、41.7 lm·W^{-1} 和 12.7%，具有较好的效率稳定性。然而，由于严重的 ACQ 效应，基于 CCDC 的非掺杂器件的 EQE 仅为 2%。可见，AIE 特性对提高非掺杂 OLED 的性能起着重要的作用。

Wang 等[89]报道了第一个具有 AIE 特性的近红外 TADF 发光材料（TPA-DCPP），由电子受体单元二苯并喹喔啉-2, 3-二甲腈（DCPP）、空间位阻大的电子给体单元 DPA 和具有 π 共轭桥作用的苯环组成。值得注意的是，DCPP 和周围苯环之间的二面角很小（35°），形成了接近平面的分子构造和适度的轨道重叠。因此，TPA-DCPP 的ΔE_{ST}值为 0.13 eV，且具有 708 nm 的近红外发射和 14%的 PLQY。基于 TPA-DCPP 的非掺杂 OLED（ITO/NPB/TCTA/TPA-DCPP/TPBi/LiF/Al）的色度坐标为（0.70，0.29），L_{max} 为 591 cd·m^{-2}，最大 EQE 为 2.1%。

Lee 等[90]制备了具有优异 AIE 和 TADF 特性的不对称分子 PTSOPO。PTSOPO 可应用于掺杂和非掺杂 OLED 中，其中非掺杂 OLED 的最大 EQE 为 17.0%。此外，他们还合成了一种分子结构对称的 PTSOPT 发光分子，并与 PTSOPO 进行了比较。PTSOPT 器件的 EL 性能明显低于 PTSOPO 器件。在非掺杂器件中 PTSOPO 的不对称主链结构有利于抑制效率下降，这与我们 AIDF 发光材料的分子设计原理高度一致。最近，Shi 等[91]利用 BP 核将 DMAC 和咔唑单元连接起来，得到了不对称的 D-A-D′型分子 DCPDAPM。DCPDAPM 是典型的 AIE-TADF 分子，具有高固态 PLQY 以及小ΔE_{ST}（0.10 eV）。基于 DCPDAPM 的非掺杂 OLED 具有卓越的 EL 性能，高达 123371 cd·m^{-2}、26.9 cd·A^{-1}、15.6 lm·W^{-1} 和 8.2%。一些具有代表性的非掺杂 OLED 的性能如表 3-1 所示。

表 3-1 代表性非掺杂 OLED 的 EL 性能数据

发光材料	λ_{EL}/nm	CIE（x，y）	V_{on} /V	L_{max}/(cd·m^{-2})	$\eta_{C,max}$/(cd·A^{-1}); $\eta_{P,max}$/(lm·W^{-1}); $\eta_{ext,max}$/%	RO/%	参考文献
MCz-XT	488	—	3.9	>2000	—；—；5.2	58	38
PAc-XT	488	—	3.5	>6000	—；—；11.2	47	38
XAc-XT	488	—	3.8	>10000	—；—；14.1	26	38
FAc-XT	497	—	3.6	>10000	—；—；12.6	25	38
DMAC-BP	510	（0.26，0.55）	2.6	45300	—；—；18.9	5	65
DMAC-DPS	480	（0.16，0.29）	4.3	5970	—；—；19.5	25	65
DMAC-TRZ	~510	—	~3.6	>1000	61.1；45.7；20	~38	66

续表

发光材料	λ_{EL}/nm	CIE（x，y）	V_{on}/V	L_{max}/(cd·m^{-2})	$\eta_{C,max}$/(cd·A^{-1})；$\eta_{P,max}$/(lm·W^{-1})；$\eta_{ext,max}$/%	RO/%	参考文献
OPDPO	588	—	5.4	17200	37.6；14.8；16.6	29	68
B-oCz	463	（0.15，0.17）	4.4	2904	11.6；7.6；8.0	67	70
B-oTC	474	（0.15，0.26）	3.9	4351	37.3；27.6；19.1	49	70
TPA-QCN	728	（0.69，0.31）	3.4	205	0.3；0.3；3.9	—	71
APDC-DTPA	777	—	~8.0	—	—；—；2.19	—	72
CDE1	552	（0.40，0.54）	—	>10000	~45；~20；13.8	4	73
CDE2	522	（0.32，0.51）	—	2512	~15；~5；5.2	21	73
PCzATD1	~545	（0.39，0.55）	2.7	18873	45.9；48.4；14.6	10	74
PCzATD5	~545	（0.41，0.55）	2.6	15456	48.7；50.5；15.5	7	74
PCzATD10	~560	（0.43，0.54）	2.5	26305	45.8；47.3；14.7	5	74
PCzATD25	~565	（0.46，0.52）	2.5	31007	37.6；32.8；12.6	1	74
PCz-CB-TRZ	586	—	6.3	4530	16.7；7.6；11.0	—	76
TPA-CB-TRZ	631	—	4.4	>1000	12.0；7.9；10.1	—	76
2PCz-CB	590	—	4.4	>1000	19.9；11.2；9.2	—	76
PTZ-XT	553	—	~3.0	>3000	—；—；11.1	—	39
PTZ-BP	577	—	~3.0	>3000	—；—；7.6	—	39
DBT-BZ-DMAC	516	（0.26，0.55）	2.7	27270	43.3；35.7；14.2	0.5	77
DBT-BZ-PXZ	557	（0.43，0.54）	2.9	9440	26.6；27.9；9.2	26	78
DBT-BZ-PTZ	563	（0.45，0.53）	2.7	26540	26.5；29.1；9.7	12	78
CP-BP-PXZ	548	（0.40，0.57）	2.5	100290	59.1；65.7；18.4	1	79
CP-BP-PTZ	554	（0.42，0.55）	2.5	46820	46.1；55.7；15.3	17	79
CP-BP-DMAC	502	（0.23，0.49）	2.7	37680	41.6；37.9；15.0	~0	79
SBDBQ-DMAC	544	（0.39，0.58）	2.8	14578	35.4；32.7；10.1	40	40
DBQ-3DMAC	548	（0.40，0.57）	2.6	29843	41.2；45.4；12.0	31	40
SBDBQ-PXZ	608	（0.56，0.43）	2.4	21050	10.5；12.0；5.6	7	40
DBQ-3PXZ	616	（0.60，0.40）	2.8	13167	7.5；6.2；5.3	17	40
SFDBQPXZ	584	—	3.4	21102	24.3；22.5；10.1	42	41
DFDBQPXZ	588	—	3.2	16497	21.0；20.6；9.8	53	41
DCB-BP-PXZ	548	（0.39，0.57）	2.5	95577	72.9；81.8；22.6	2.8	80
CBP-BP-PXZ	546	（0.39，0.57）	2.5	98089	69.0；75.0；21.4	2.6	80

续表

发光材料	λ_{EL}/nm	CIE（x，y）	V_{on}/V	L_{max}/(cd·m^{-2})	$\eta_{C,max}$/(cd·A^{-1}); $\eta_{P,max}$/(lm·W^{-1}); $\eta_{ext,max}$/%	RO/%	参考文献
*m*CP-BP-PXZ	542	（0.39，0.57）	2.5	100126	72.3；79.0；22.1	2.9	80
*m*CBP-BP-PXZ	542	（0.38，0.57）	2.5	96815	70.4；76.5；21.8	1.0	80
CC6-DBP-PXZ	568	（0.45，0.52）	2.9	30626	22.2；16.1；7.7	—	86
CC6-DBP-DMAC	505	（0.27，0.50）	4.2	14366	25.1；11.3；9.0	—	86
o-$ACSO_2$	492	（0.23，0.40）	—	～1000	14.1；7.8；5.9	—	87
m-$ACSO_2$	486	（0.21，0.34）	—	～2000	37.9；23.8；17.2	—	87
CCDC	～480	—	～3.3	＞3000	～4；～4；2	—	88
CCDD	543	（0.39，0.56）	2.4	14600	39.8；41.7；12.7	31	88
TPA-DCPP	710	（0.70，0.29）	4.0	591	0.24；0.19；2.1	—	89
PTSOPO	～530	—	～2.5	＞10000	—；—；17.0	～12	90
PTSOPT	—	—	～3.0	＞1000	—；—；～14.0	～64	90
DCPDAPM	522	（0.28，0.59）	3.2	123371	26.9；15.6；8.2	20	91

注：RO 为电流效率或外量子效率从最大值下降到 1000 cd·m^{-2} 时的滚降。

3.3 结论与展望

高效率 OLED 的发展正以惊人的速度增长，被认为是最有前景的显示技术之一。显然，有机延迟荧光材料可以极大地提高 OLED 的性能，并实现广泛的商业应用。近年来，这些材料作为 EML 在非掺杂 OLED 中的应用取得了显著进展。在本章中，我们系统地总结和评述了许多研究人员在非掺杂 OLED 方面所取得的成就，包括传统 TADF 发光材料以及结合 AIE 和 TADF 特性的新型分子的分子设计策略、光物理特性和器件性能。这些结合 AIE 和 TADF 特性的新型分子基本上可以归类于 AIDF 发光材料。值得注意的是，这些新型 AIDF 发光材料具有捕获单线态和三线态激子用于发光、有效抑制浓度猝灭和激子湮灭的独特优势，因而具有重要的意义。在非掺杂 OLED 中，它们的性能优于传统的 TADF 发光材料，并以优异的 EL 效率和大幅降低的效率滚降成为有前途的非掺杂 OLED 候选器件材料。因此，AIDF 发光材料可以攻克非掺杂 OLED 中传统 TADF 发光材料效率滚降严重的难题。然而，在深入了解 AIDF 现象的光物理过程，并探索在固态下具有高 PLQY 和高效激子利用率的 AIDF 体系，以提高非掺杂 OLED 的 EL 性能和稳定性等方面仍有许多研究工作要做。最后，我们希望本章所述内容能够吸引更多的研究人员关注并发现新的 AIDF 发光材料以推动其在非掺杂 OLED 领域的应用。

参考文献

[1] Pope M，Kallmann H P，Magnante P. Electroluminescence in organic crystals. Journal of Chemical Physics，1963，38（8）：2042-2043.

[2] Tang C W，VanSlyke S A. Organic electroluminescent diodes. Applied Physics Letters，1987，51（12）：913-915.

[3] Burroughes J H，Bradley D D C，Brown A R，et al. Light-emitting diodes based on conjugated polymers. Nature，1990，347（6293）：539-541.

[4] Baldo M A，O'Brien D F，Thompson M E，et al. Excitonic singlet-triplet ratio in a semiconducting organic thin film. Physical Review B，1999，60（20）：14422.

[5] Rothberg L J，Lovinger A J. Status of and prospects for organic electroluminescence. Journal of Materials Research，1996，11（12）：3174-3187.

[6] Kondakov D Y. Role of triplet-triplet annihilation in highly efficient fluorescent devices. Journal of the Society for Information Display，2008，39（1）：617-620.

[7] Ma Y，Zhang H，Shen J，et al. Electroluminescence from triplet metal-ligand charge-transfer excited state of transition metal complexes. Synthetic Metals，1998，94（3）：245-248.

[8] Baldo M A，O'Brien D F，You Y，et al. Highly efficient phosphorescent emission from organic electroluminescent devices. Nature，1998，395（6698）：151-154.

[9] Adachi C，Baldo M A，Thompson M E，et al. Nearly 100% internal phosphorescence efficiency in an organic light-emitting device. Journal of Applied Physics，2001，90（10）：5048-5051.

[10] Sasabe H，Kido J. Recent progress in phosphorescent organic light-emitting devices . European Journal of Organic Chemistry，2013，2013（34）：7653-7663.

[11] Minaev B，Baryshnikov G，Agren H. Principles of phosphorescent organic light emitting devices. Physical Chemistry Chemical Physics，2014，16（5）：1719-1758.

[12] Endo A，Sato K，Yoshimura K，et al. Efficient up-conversion of triplet excitons into a singlet state and its application for organic light emitting diodes. Applied Physics Letters，2011，98（8）：083302.

[13] Hirata S，Sakai Y，Masui K，et al. Highly efficient blue electroluminescence based on thermally activated delayed fluorescence. Nature Materials，2015，14（3）：330-336.

[14] Liang J J，Li Y，Yuan Y，et al. A blue thermally activated delayed fluorescence emitter developed by appending a fluorene moiety to a carbazole donor with *meta*-linkage for high-efficiency OLEDs. Materials Chemistry Frontiers，2018，2（5）：917-922.

[15] Gong S，Chen Y，Luo J，et al. Bipolar tetraarylsilanes as universal hosts for blue，green，orange，and white electrophosphorescence with high efficiency and low efficiency roll-off. Advanced Functional Materials，2011，21（6）：1168-1178.

[16] Wang H，Xie L，Peng Q，et al. Novel thermally activated delayed fluorescence materials-thioxanthone derivatives and their applications for highly efficient OLEDs. Advanced Materials，2014，26（30）：5198-5204.

[17] Seino Y，Inomata S，Sasabe H，et al. High-performance green OLEDs using thermally activated delayed fluorescence with a power efficiency of over 100 $lm \cdot W^{-1}$. Advanced Materials，2016，28（13）：2638-2643.

[18] Zhang Q，Li B，Huang S，et al. Efficient blue organic light-emitting diodes employing thermally activated delayed fluorescence. Nature Photonics，2014，8（4）：326-332.

[19] Zhang D，Wei P，Zhang D，et al. Sterically shielded electron transporting material with nearly 100% internal quantum efficiency and long lifetime for thermally activated delayed fluorescent and phosphorescent OLEDs. ACS Applied Materials & Interfaces，2017，9（22）：19040-19047.

[20] Frankevich E L，Uhlhorn B，Shinar J，et al. Delayed fluorescence and triplet-triplet annihilation in π-conjugated polymers. Physical Review Letters，1999，82（18）：3673-3676.

[21] Luo B Y，Aziz H. Correlation between triplet-triplet annihilation and electroluminescence efficiency in doped fluorescent organic light-emitting devices. Advanced Functional Materials，2010，20（8）：1285-1293.

[22] Li W，Liu D，Shen F，et al. A twisting donor-acceptor molecule with an intercrossed excited state for highly efficient，deep-blue electroluminescence. Advanced Functional Materials，2012，22（13）：2797-2803.

[23] Li W，Pan Y，Xiao R，et al. Employing ~100% excitons in OLEDs by utilizing a fluorescent molecule with hybridized local and charge-transfer excited state. Advanced Functional Materials，2014，24（11）：1609-1614.

[24] Pan Y，Li W，Zhang S，et al. High yields of singlet excitons in organic electroluminescence through two paths of cold and hot excitons. Advanced Optical Materials，2014，2（6）：510-515.

[25] Parker C A，Hatchard C G. Triplet-singlet emission in fluid solutions. Phosphorescence of eosin. Transactions of the Faraday Society，1961，57：1894-1904.

[26] Berberan-Santos M N，Garcia J M M. Unusually strong delayed fluorescence of C_{70}. Journal of the American Chemical Society，1996，118（39）：9391-9394.

[27] Endo A，Ogasawara M，Takahashi A，et al. Thermally activated delayed fluorescence from Sn^{4+}-porphyrin complexes and their application to organic light emitting diodes：a novel mechanism for electroluminescence. Advanced Materials，2009，21（47）：4802-4806.

[28] Uoyama H，Goushi K，Shizu K，et al. Highly efficient organic light-emitting diodes from delayed fluorescence. Nature，2012，492（7428）：234-240.

[29] Zhang Q，Li J，Shizu K，et al. Design of efficient thermally activated delayed fluorescence materials for pure blue organic light emitting diodes. Journal of the American Chemical Society，2012，134（36）：14706-14709.

[30] Tao Y，Yuan K，Chen T，et al. Thermally activated delayed fluorescence materials towards the breakthrough of organoelectronics. Advanced Materials，2014，26（47）：7931-7958.

[31] Shizu K，Sakai Y，Tanaka H，et al. Meta-linking strategy for thermally activated delayed fluorescence emitters with a small singlet-triplet energy gap. ITE Transactions on Media Technology and Applications，2015，3（2）：108.

[32] Tanaka H，Shizu K，Miyazaki H，et al. Efficient green thermally activated delayed fluorescence（TADF）from a phenoxazine-riphenyltriazine（PXZ-TRZ）derivative. Chemical Communications，2012，48（93）：11392-11394.

[33] Lee I，Lee J Y. Molecular design of deep blue fluorescent emitters with 20% external quantum efficiency and narrow emission spectrum. Organic Electronics. 2016，29：160-164.

[34] Dias F B，Santos J，Graves D R，et al. The role of local triplet excited states and D-A relative orientation in thermally activated delayed fluorescence：photophysics and devices. Advanced Science，2016，3（12）：1600080.

[35] Lee S Y，Yasuda T，Yang Y S，et al. Luminous butterflies：efficient exciton harvesting by benzophenone derivatives for full-color delayed fluorescence OLEDs. Angewandte Chemie International Edition，2014，（25）53：6402-6406.

[36] Wang Y K，Sun Q，Wu S F，et al. Thermally activated delayed fluorescence material as host with novel spiro-based skeleton for high power efficiency and low roll-off blue and white phosphorescent devices. Advanced Functional Materials，2016，26（43）：7929-7936.

[37] Nasu K，Nakagawa T，Nomura H，et al. A highly luminescent spiro-anthracenone-based organic light-emitting

diode exhibiting thermally activated delayed fluorescence. Chemical Communications，2013，49（88）：10385-10387.

[38] Lee J，Aizawa N，Numata M，et al. Versatile molecular functionalization for inhibiting concentration quenching of thermally activated delayed fluorescence. Advanced Materials，2017，29（4）：1604856.

[39] Aizawa N，Tsou C J，Park I S，et al. Aggregation-induced delayed fluorescence from phenothiazine-containing donor-acceptor molecules for high-efficiency non-doped organic light-emitting diodes. Polymer Journal，2017，49（1）：197-202.

[40] Yu L，Wu Z，Xie G，et al. Molecular design to regulate the photophysical properties of multifunctional TADF emitters towards high-performance TADF-based OLEDs with EQEs up to 22.4% and small efficiency roll-offs. Chemical Science，2018，9（5）：1385-1391.

[41] Yu L，Wu Z，Xie G，et al. An efficient exciton harvest route for high-performance OLEDs based on aggregation-induced delayed fluorescence. Chemical Communications，2018，54（11）：1379-1382.

[42] Lin T A，Chatterjee T，Tsai W L，et al. Sky-blue organic light emitting diode with 37% external quantum efficiency using thermally activated delayed fluorescence from spiroacridine-triazine hybrid. Advanced Materials，2016，28（32）：6976-6983.

[43] Pan K C，Li S W，Ho Y Y，et al. Efficient and tunable thermally activated delayed fluorescence emitters having orientation-adjustable CN-substituted pyridine and pyrimidine acceptor units. Advanced Functional Materials，2016，26（42）：7560-7571.

[44] Zeng W，Lai H Y，Lee W K，et al. Achieving nearly 30% external quantum efficiency for orange-red organic light emitting diodes by employing thermally activated delayed fluorescence emitters composed of 1, 8-naphthalimide-acridine hybrids. Advanced Materials，2018，30（5）：1704961.

[45] Li J，Nakagawa T，MacDonald J，et al. Highly efficient organic light-emitting diode based on a hidden thermally activated delayed fluorescence channel in a heptazine derivative. Advanced Materials，2013，25（24）：3319-3323.

[46] Cao X，Zhang D，Zhang S，et al. CN-containing donor-acceptor-type small-molecule materials for thermally activated delayed fluorescence OLEDs. Journal of Materials Chemistry C，2017，5（31）：7699-7714.

[47] Luo J，Xie Z，Lam J W Y，et al. Aggregation-induced emission of 1-methyl-1, 2, 3, 4, 5-pentaphenylsilole. Chemical Communications，2001，18：1740-1741.

[48] Mei J，Leung N L C，Kwok R T K，et al. Aggregation-induced emission：together we shine，united we soar！. Chemical Reviews，2015，115（21）：11718-11940.

[49] Hong Y，Lam J W Y，Tang B Z. Aggregation-induced emission. Chemical Society Reviews，2011，40（11）：5361-5388.

[50] Zhao Z，He B，Tang B Z. Aggregation-induced emission of siloles. Chemical Science，2015，6（10）：5347-5365.

[51] Nie H，Hu K，Cai Y，et al. Tetraphenylfuran：aggregation-induced emission or aggregation-caused quenching？. Materials Chemistry Frontiers，2017，（6）：1125-1129.

[52] Guo J，Hu S，Luo W，et al. A novel aggregation-induced emission platform from 2, 3-diphenylbenzo[*b*]thiophene *S*, *S*-dioxide. Chemical Communications，2017，53（9）：1463-1466.

[53] Peng Z，Huang K，Tao Y，et al. Turning on the solid emission from non-emissive 2-aryl-3-cyanobenzofurans by tethering tetraphenylethene for green electroluminescence. Materials Chemistry Frontiers，2017，1（9）：1858-1865.

[54] He J，Xu B，Chen F，et al. Aggregation-induced emission in the crystals of 9, 10-distyrylanthracene derivatives：the essential role of restricted intramolecular torsion. Journal of Physical Chemistry C，2009，113（22）：9892-9899.

[55] Zhao Z，Chen S，Lam J W Y，et al. Creation of highly efficient solid emitter by decorating pyrene core with AIE-active tetraphenylethene peripheries. Chemical Communications，2010，46（13）：2221-2223.

[56] Chen L，Jiang Y，Nie H，et al. Rational design of aggregation-induced emission luminogen with weak electron donor-acceptor interaction to achieve highly efficient undoped bilayer OLEDs. ACS Applied Materials & Interfaces，2014，6（19）：17215-17225.

[57] Liu B，Nie H，Zhou X，et al. Manipulation of charge and exciton distribution based on blue aggregation-induced emission fluorophors：a novel concept to achieve high-performance hybrid white organic light-emitting diodes. Advanced Functional Materials，2016，26（5）：776-783.

[58] Chen L，Lin G，Peng H，et al. Sky-blue nondoped OLEDs based on new AIEgens：ultrahigh brightness，remarkable efficiency and low efficiency roll-off. Materials Chemistry Frontiers，2017，1（1）：176-180.

[59] Yang J，Li L，Yu Y，et al. Blue pyrene-based AIEgens：inhibited intermolecular π-π stacking through the introduction of substituents with controllable intramolecular conjugation，and high external quantum efficiencies up to 3.46% in non-doped OLEDs. Materials Chemistry Frontiers，2017，1（1）：91-99.

[60] Nie H，Chen B，Zeng J，et al. Excellent n-type light emitters based on AIE-active silole derivatives for efficient simplified organic light-emitting diodes. Journal of Materials Chemistry C，2018，6（14）：3690-3698.

[61] Li C，Wei J，Han J，et al. Efficient deep-blue OLEDs based on phenanthro[9, 10-*d*]imidazole-containing emitters with AIE and bipolar transporting properties. Journal of Materials Chemistry C，2016，4（42）：10120-10129.

[62] Yang J，Huang J，Li Q，et al. Blue AIEgens：approaches to control the intramolecular conjugation and the optimized performance of OLED devices. Journal of Materials Chemistry C，2016，4（14）：2663-2684.

[63] Bryce M R. Aggregation-induced delayed fluorescence（AIDF）materials：a new break-through for nondoped OLEDs. Science China Chemistry，2017，60（12）：1561-1562.

[64] Lee J，Aizawa N，Yasuda T. Isobenzofuranone-and chromone-based blue delayed fluorescence emitters with low efficiency roll-off in organic light-emitting diodes. Chemistry of Materials，2017，29（18）：8012-8020.

[65] Zhang Q，Tsang D，Kuwabara H，et al. Nearly 100% internal quantum efficiency in undoped electroluminescent devices employing pure organic emitters. Advanced Materials，2015，27（12）：2096-2100.

[66] Tsai W L，Huang M H，Lee W K，et al. A versatile thermally activated delayed fluorescence emitter for both highly efficient doped and non-doped organic light emitting devices. Chemical Communications，2015，51（71）：13662-13665.

[67] Chen X，Yang Z，Xie Z，et al. An efficient yellow thermally activated delayed fluorescence emitter with universal applications in both doped and non-doped organic light-emitting diodes. Materials Chemistry Frontiers，2018，2（5）：1017-1023.

[68] Zhao J，Yang Z，Chen X，et al. Efficient triplet harvesting in fluorescence-TADF hybrid warm-white organic light-emitting diodes with a fully non-doped device configuration. Journal of Materials Chemistry C，2018，6（15）：4257-4264.

[69] Zhao J，Chen X，Yang Z，et al. Highly-efficient fully non-doped white organic light-emitting diodes consisting entirely of thermally activated delayed fluorescence emitters. Journal of Materials Chemistry C，2018，6（13）：3226-3232.

[70] Chen X L，Jia J H，Yu R，et al. Combining charge-transfer pathways to achieve unique thermally activated delayed fluorescence emitters for high-performance solution-processed，non-doped blue OLEDs. Angewandte Chemie International Edition，2017，56（47）：15006-15009.

[71] Li C，Duan R，Liang B，et al. Deep-red to near-infrared thermally activated delayed fluorescence in organic solid

films and electroluminescent devices. Angewandte Chemie International Edition，2017，56（38）：11525-11529.

[72] Yuan Y，Hu Y，Zhang Y X，et al. Over 10% EQE near-infrared electroluminescence based on a thermally activated delayed fluorescence emitter. Advanced Functional Materials，2017，27（26）：1700986.

[73] Li Y，Xie G，Gong S，et al. Dendronized delayed fluorescence emitters for non-doped，solution-processed organic light-emitting diodes with high efficiency and low efficiency roll-off simultaneously：two parallel emissive channels. Chemical Science，2016，7（8）：5441-5447.

[74] Wang Y，Zhu Y，Lin X，et al. Efficient non-doped yellow OLEDs based on thermally activated delayed fluorescence conjugated polymers with an acridine/carbazole donor backbone and triphenyltriazine acceptor pendant. Journal of Materials Chemistry C，2018，6（3）：568-574.

[75] Gan S，Luo W，He B，et al. Integration of aggregation-induced emission and delayed fluorescence into electronic dono-acceptor conjugates. Journal of Materials Chemistry C，2016，4（17）：3705-3708.

[76] Furue R，Nishimoto T，Park I S，et al. Aggregation-induced delayed fluorescence based on donor/acceptor-tethered janus carborane triads：unique photophysical properties of nondoped OLEDs. Angewandte Chemie International Edition，2016，55（25）：7171-7475.

[77] Guo J，Li X L，Nie H，et al. Achieving high-performance nondoped OLEDs with extremely small efficiency roll-off by combining aggregation-induced emission and thermally activated delayed fluorescence. Advanced Functional Materials，2017，27（13）：1606458.

[78] Guo J，Li X L，Nie H，et al. Robust luminescent materials with prominent aggregation-induced emission and thermally activated delayed fluorescence for high-performance organic light-emitting diodes. Chemistry of Materials，2017，29（8）：3623-3631.

[79] Huang J，Nie H，Zeng J，et al. Highly efficient nondoped OLEDs with negligible efficiency roll-off fabricated from aggregation-induced delayed fluorescence luminogens. Angewandte Chemie International Edition，2017，56（42）：12971-12976.

[80] Liu H，Zeng J，Guo J，et al. High performance non-doped OLEDs with nearly 100% exciton use and negligible efficiency roll-off. Angewandte Chemie International Edition，2018，57（30）：9290-9294.

[81] Liao X，Yang X，Zhang R，et al. Solution-processed small-molecular white organic light-emitting diodes based on a thermally activated delayed fluorescence dendrimer. Journal of Materials Chemistry C，2017，5（38）：10001-10006.

[82] Zou Y，Gong S，Xie G，et al. Design strategy for solution-processable thermally activated delayed fluorescence emitters and their applications in organic light-emitting diodes. Advanced Optical Materials，2018，6（23）：1800568.

[83] Luo J，Xie G，Gong S，et al. Creating a thermally activated delayed fluorescence channel in a single polymer system to enhance exciton utilization efficiency for bluish-green electroluminescence. Chemical Communications，2016，52（11）：2292-2295.

[84] Xie G，Luo J，Huang M，et al. Inheriting the characteristics of TADF small molecule by side-chain engineering strategy to enable bluish-green polymers with high PLQYs up to 74% and external quantum efficiency over 16% in light-emitting diodes. Advanced Materials，2017，29（11）：1604223.

[85] Zhu Y，Zhang Y，Yao B，et al. Synthesis and electroluminescence of a conjugated polymer with thermally activated delayed fluorescence. Macromolecules，2016，49（11）：4373-4377.

[86] Huang J，Xu Z，Cai Z，et al. Robust luminescent small molecules with aggregation-induced delayed fluorescence for efficient solution-processed OLEDs. Journal of Materials Chemistry C，2019，7（2）：330-339.

[87] Wu K，Wang Z，Zhan L，et al. Realizing highly efficient solution-processed homojunction-like sky-blue OLEDs by using thermally activated delayed fluorescent emitters featuring an aggregation-induced emission property. Journal of Physical Chemistry Letters，2018，9（7）：1547-1533.

[88] Zhao H，Wang Z，Cai X，et al. Highly efficient thermally activated delayed fluorescence materials with reduced efficiency roll-off and low on-set voltages. Materials Chemistry Frontiers，2017，1（10）：2039-2046.

[89] Wang S，Yan X，Cheng Z，et al. Highly efficient near-infrared delayed fluorescence organic light emitting diodes using a phenanthrene-based charge-transfer compound. Angewandte Chemie International Edition，2015，54（42）：13068-13072.

[90] Lee I H，Song W，Lee J Y，Aggregation-induced emission type thermally activated delayed fluorescent materials for high efficiency in non-doped organic light-emitting diodes. Organic Electronics，2016，29：22-26.

[91] Zhao Y，Wang W，Gui C，et al. Thermally activated delayed fluorescence material with aggregation-induced emission properties for highly efficient organic light-emitting diodes. Journal of Materials Chemistry C，2018，6（11）：2873-2881.

基于空间电荷转移的热活化延迟荧光材料及其 OLED 器件

电荷转移（CT）态是由电子给体（D）和电子受体（A）之间发生电子转移所形成的激发态[1]。不同于局域激发（LE）态在激发前后电子分布没有显著变化，CT 态的形成伴随电子从给体到受体的转移并产生分离的正电中心和负电中心，且通常能够以能量低于给体和受体本征能量的辐射跃迁方式返回到基态。作为有机共轭体系的基本特性之一，CT 态广泛用于调控有机发光材料的发光颜色、荧光量子效率和激发态寿命等光物理性质[2-5]。例如，通过改变给体的推电子能力和受体的吸电子能力，调节给体和受体之间的 CT 强度，能够有效调控有机荧光材料的发光颜色，实现三基色发光；通过形成金属与配体之间的 CT 态，能够使得单线态到三线态的跃迁由禁阻变为允许，从而获得磷光发射。近年来，基于 D-A 结构和 CT 态发展出的热活化延迟荧光（TADF）材料能够利用反系间穿越（RISC）过程将三线态激子转变为单线态激子而发光，因此无需贵金属即能实现对激子的高效利用，成为有机电致发光材料领域的研究热点，已有大量 TADF 材料及内量子效率（IQE）接近 100%的 OLED 被陆续报道，为发展低成本、高效率的平板显示和白光照明器件创造了新途径[6-13]。

一般来说，CT 能够被分成两种主要类型，一是化学键电荷转移（through-bond charge transfer，TBCT）；二是空间电荷转移（through-space charge transfer，TSCT）[14]。在 TBCT 的化合物中，给体和受体之间直接通过共轭结构连接，其电子转移过程是通过连接给体与受体的化学键进行的；而在 TSCT 化合物中，给体与受体之间不是采用共轭结构直接连接，而是通过具有空间限制作用的分子骨架实现空间排列，其电子转移是通过给体与受体之间的空间 π-π 相互作用来实现（图 4-1）。有别于 TBCT 化合物中给体与受体电子云往往具有较大重叠，TSCT 化合物中给体和受体的电子云在空间上是分离的，因此重叠程度较小，这一特点有利于降低电子交换能，从而实现较小的单线态-三线态能级差（ΔE_{ST}），进而获得 TADF 效应。值得强调的是，部分 TSCT 化合物的给体和受体之间的空间排列方式对其聚集状态较为敏感，特别是对于采用非刚性的空间限制单元为分子骨架的化合物，其给体与受体之间的相对距离在聚集状态下比在溶液态更近，能够通过偶极-偶极相互作用增强 TSCT 效应，从而表现出 AIE 效应[15-17]。本章拟从 TSCT 有机高分子 TADF 材料的分子设计、发光特性和器件性能出发，围绕“TSCT 有机小分子荧光材料”和“TSCT 高分子荧光材料”两类材料体系，总结和概述近年来国内外主要的研究进展和发展趋势。

图 4-1　两种类型的电荷转移

4.1 有机小分子材料及光电器件

TSCT 有机小分子荧光材料的分子结构一般包括三个部分，即电子给体、电子受体和具有空间限制作用的骨架单元，其中骨架单元决定了给体与受体之间的相对距离与排列方式，是实现给体和受体之间空间相互作用的关键结构单元。为了增强给体和受体之间的相互作用，一般采用具有 U 形或 V 形结构特点的分子骨架，一方面使得给体和受体的空间距离较近（3.0～5.0 Å），另一方面利用空间限制作用实现给体与受体的面对面排列，增强 π-π 相互作用。目前文献报道的骨架单元包括三蝶烯[18, 19]、对环芳烷[20-22]、氧杂蒽[23]、咔唑[24, 25]、吖啶[26]、吩噁嗪[26]、螺芴[27, 28]、邻位亚苯基[29-32]等，通过将给体和受体同时连接到骨架的合适位置形成近距离的面对面排列，能够实现给体与受体之间的 TSCT 发光。

2015 年，Swager 等报道了首例基于 TSCT 效应的有机小分子 TADF 材料，他们采用三蝶烯为骨架、三苯胺为给体、二氰基喹喔啉和二氰基吡嗪为受体设计合成了化合物 STS-1 和 STS-2（图 4-2）[18]。有别于给体与受体直接连接的荧光化合物，STS-1 和 STS-2 的给体与受体通过非共轭的三蝶烯连接，能够实现 HOMO 与 LUMO 的有效分离，从而减小 ΔE_{ST}。密度泛函计算结果表明，STS-1 和 STS-2 的 HOMO 主要分布在三苯胺单元上，LUMO 主要分布在二氰基喹喔啉或二氰基吡嗪单元上，HOMO 与 LUMO 之间的重叠程度较小，ΔE_{ST} 分别仅为 0.111 eV 和 0.075 eV。其中，STS-1 在环己烷溶液中发光峰位于 487 nm，而 STS-2 发光峰有所蓝移，位于 475 nm。瞬态荧光强度衰减测试结果显示，STS-1 和 STS-2 在除氧的甲苯溶液中均表现出瞬时荧光和延迟荧光两个组分，其中延迟组分寿命分别为

2.4 μs 和 6.5 μs。通入氧气后，STS-1 和 STS-2 的延迟组分均被完全猝灭，说明其延迟组分来源于三线态激子。采用 STS-1 和 STS-2 为掺杂剂，以 *m*CP 为主体制备的 OLED 器件的色度坐标分别为（0.45，0.54）和（0.43，0.55），最大外量子效率（EQE）分别为 9.4%和 4.0%。

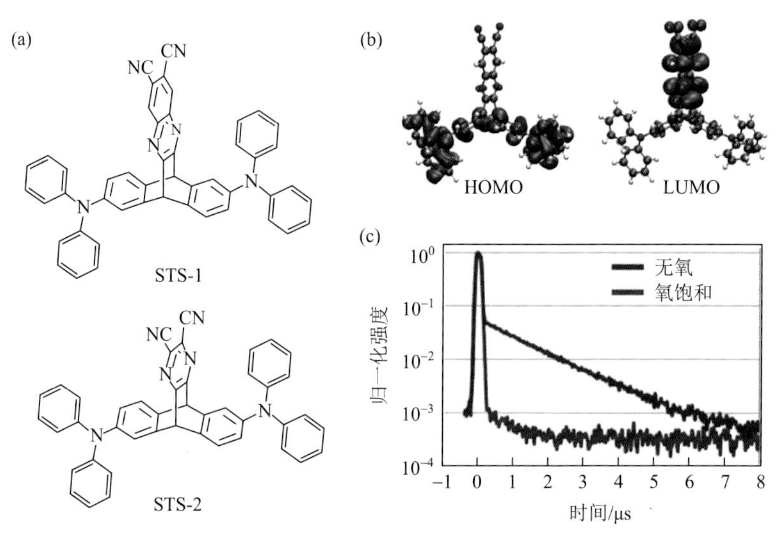

图 4-2 （a）三蝶烯类 TSCT 化合物 STS-1 和 STS-2 的化学结构；（b）HOMO/LUMO；（c）瞬态荧光强度随时间衰减曲线[18]

Kaji 等采用三蝶烯为骨架，在其 1 位和 8 位分别引入吖啶和三嗪作为给体和受体，设计合成了给体和受体采取面对面排列方式的荧光化合物 STS-3（图 4-3）[33]。理论模拟结果表明，其给体与受体的局域三线态（^{3}LE 态）能量不随给/受体之间的距离而改变，而其 CT 态能量则随给/受体距离减小而降低，当给体和受体平面之间的距离为 4.72 Å 时，CT 态能量与 ^{3}LE 态能量相近［$\Delta E(^3\mathrm{CT}\rightarrow{}^3\mathrm{LE})$ 和 $\Delta E(^3\mathrm{LE}\rightarrow{}^1\mathrm{CT})$ 分别为 0.075 eV 和–0.057 eV］，从而有利于 ^{3}LE 与 CT 态之间的系间穿越。实验结果表明，STS-3 的系间穿越常数 k_{ISC} 和反向系间穿越常数 k_{RISC} 分别为 $5.2\times10^7\ \mathrm{s}^{-1}$ 和 $1.2\times10^7\ \mathrm{s}^{-1}$，高于大多数基于 C、H、N 元素的 TADF 材料（10^5～$10^6\ \mathrm{s}^{-1}$ 量级）。在空气气氛下，STS-3 的甲苯溶液的光致发光量子产率（PLQY）为 1.8%，而在氩气气氛下，其 PLQY 大幅提高到 84%。同时，STS-3 在纯膜状态下的 PLQY 为 71%，与其掺杂薄膜（25 wt%的含量掺杂于 *m*CBP 中）相当（PLQY 为 76%），说明 STS-3 的浓度猝灭效应较弱。荧光强度衰减曲线表明，其纯膜和掺杂薄膜均表现出瞬时荧光和延迟荧光发射，其中延迟组分的寿命分别为 3.2 μs 和 4.1 μs。采用 STS-3 为掺杂剂，以 *m*CBP 为主体制备的器件的色度坐标为（0.20，0.44），最大 EQE 为 19.2%，且在 1000 $\mathrm{cd\cdot m^{-2}}$ 亮度下的 EQE 仍维持在 18.1%，效率滚降仅为 5.4%。

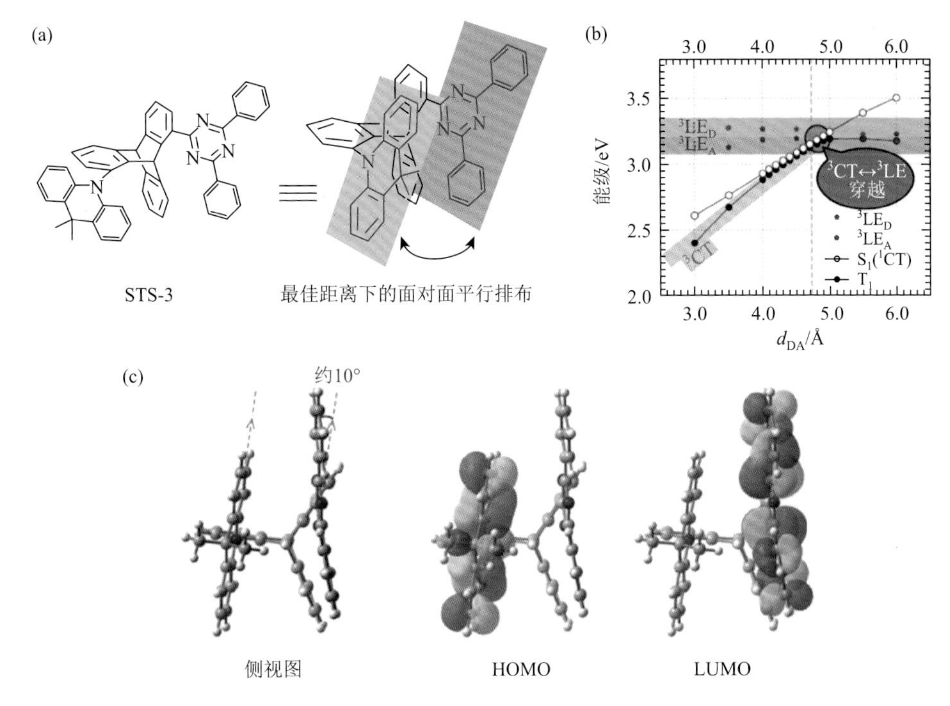

图 4-3　（a）1, 8 位取代三蝶烯类 TSCT 化合物 STS-3 的化学结构；（b）^{3}CT 态能级随给/受体距离（d_{DA}）的变化曲线；（c）HOMO/LUMO 分布[33]

2017 年，Swager 等采用氧杂蒽为分子骨架，分别采用吩噻嗪、咔唑和 3, 6-二叔丁基咔唑为给体，二苯基三嗪为受体，设计合成了 TSCT 荧光化合物 STS-4、STS-5 和 STS-6[23]。氧杂蒽具有典型的 U 形结构，在其 4 位和 5 位同时引入给体和受体能够使得它们直接发生有效的空间 π-π 相互作用（图 4-4）。单晶结构解析表明，STS-4、STS-5 和 STS-6 的给体与受体之间采取平行排列方式，其平面间距离为 3.2～3.5 Å，能够保证空间相互作用的有效实现。理论计算结果表明，HOMO 主要分布在给体上，LUMO 主要分布在受体上，较小的重叠程度使得三个化合物均具有较小的 ΔE_{ST}，分别为 0.001 eV、0.008 eV 和 0.007 eV。在氮气气氛下，三个化合物的甲苯溶液均表现出双组分荧光衰减特性，其延迟组分寿命为 2.0～3.0 μs，而在氧气气氛下，延迟组分消失，符合 TADF 发光机制。重要的是，这类化合物表现出显著的 AIE 特性。例如，STS-4 在四氢呋喃（THF）/水（体积比 1∶99）的混合溶剂中形成的聚集态的荧光强度相比于纯 THF 溶液提升 20 倍。基于 STS-4 组装的 OLED 器件的发光峰位于 584 nm，最大 EQE 为 10%，而基于 STS-6 组装的 OLED 器件的发光峰位于 488 nm，最大 EQE 仅为 4%，这可能是由于其较低的 PLQY（35%）。

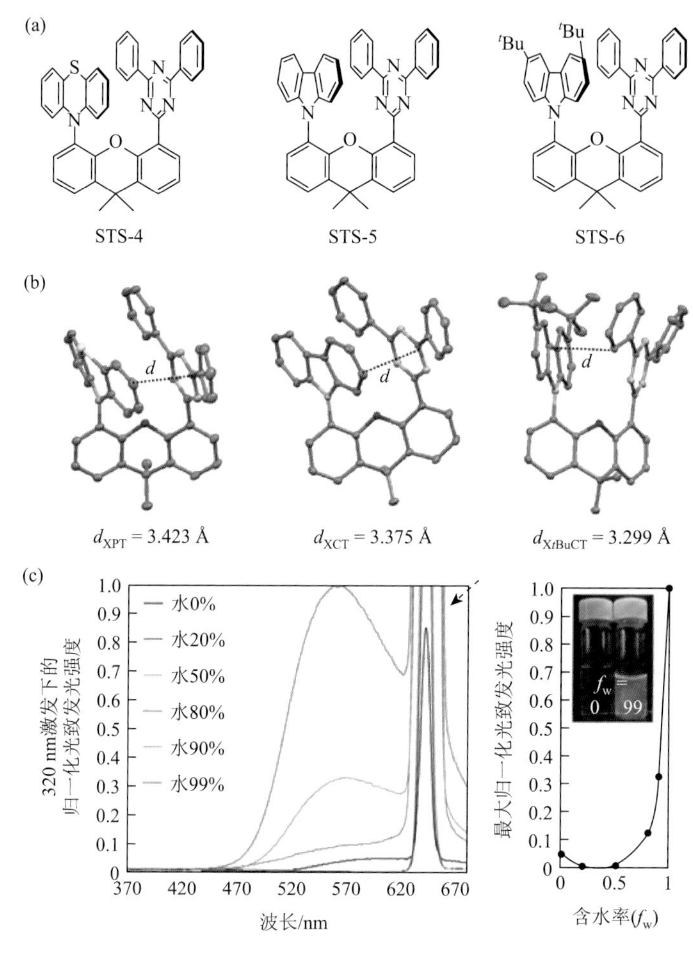

图 4-4 （a）氧杂蒽类 TSCT 化合物 STS-4 ~ STS-6 的化学结构；（b）单晶结构；（c）AIE 效应[23]，插图为 f_w 分别为 0 和 99 的化合物

Bräse 等采用对环芳烷（[2.2]对二甲苯二聚体，[2.2]paracyclophane）为骨架单元，以三苯胺为给体、二苯甲酮为受体，通过改变给体和受体与对环芳烷的连接方式，报道了分别具有顺式构型和反式构型的 TSCT 荧光材料 STS-7 和 STS-8（图 4-5）[20]。对环芳烷含有两个相互平行的苯环，其相对距离为 3.09 Å，因此两个苯环之间的 π 电子能够相互交叠并发生离域，形成跨环共轭效应。研究表明，无论是顺式（STS-7）还是反式构型（STS-8），其 HOMO 和 LUMO 分别分布在三苯胺和二苯甲酮单元上，电子云重叠程度较小，ΔE_{ST} 分别为 0.13 eV 和 0.17 eV。STS-7 和 STS-8 的瞬态荧光强度衰减曲线均表现出明显的延迟荧光发射，延迟组分的寿命为 1.8 μs 和 3.6 μs，同时随温度升高延迟荧光的强度逐渐增强，具有典型的 TADF 特性。赵翠华等以对环芳烷为骨架，分别采用二甲胺和三芳基硼为给

体和受体，设计合成了 TSCT 荧光化合物 STS-9 和 STS-10[21]。两种化合物均具有很强的荧光发射，在环己烷溶液中的 PLQY 分别为 0.72 和 0.39，在薄膜状态下仍维持在 0.53 和 0.33。同时，STS-9 和 STS-10 在除氧甲苯溶液中还表现出显著的 TADF 效应，延迟组分的寿命为 0.38 μs 和 0.32 μs。重要的是，STS-9 的对映异构体表现出很强的圆偏振发光信号，其不对称因子 g_{lum} 为 4.24×10^{-3}。Adachi 等采用二硫杂[3.3]对环芳烷为分子骨架，分别以二甲基三苯胺和对苯二腈为给体和受体，设计合成了 TSCT 荧光化合物 STS-11 和 STS-12，其芳胺给体和对苯二腈受体之间分别采取重叠和交错的空间排列方式[22]。密度泛函理论计算结果表明，两种构型的 HOMO 和 LUMO 都分别分布在给体二甲苯基苯胺和受体氰基上，电子云重叠程度较小，ΔE_{ST} 为 0.02 eV。但是，STS-11 的振子强度 f 为 0.019，而 STS-12 的振子强度约为 0，说明给体与受体采用重叠排列方式更有利于辐射衰减跃迁，提升荧光量子效率。实验结果表明，STS-11 在甲苯溶液中的 PLQY 为 61%，而 STS-12 的 PLQY 仅为 2%。STS-11 的荧光强度随时间表现出双指数衰减特性，其延迟荧光组分的寿命为 1.90 μs，同时随着温度从 200 K 升高到 300 K，延迟组分占比提高，表明 STS-11 具有 TADF 效应。

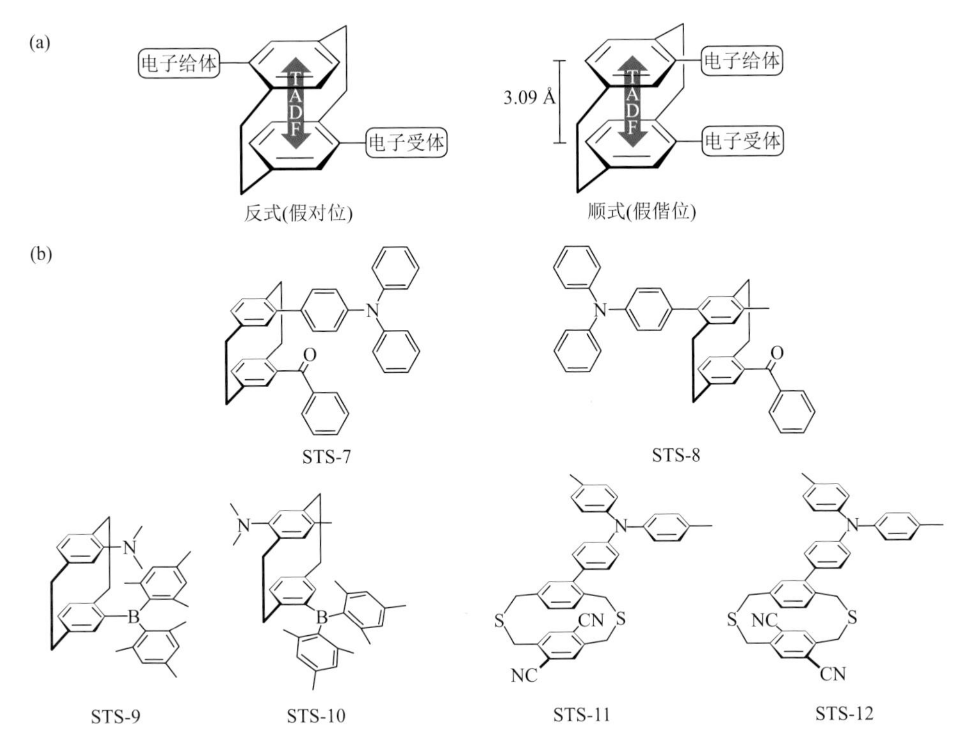

图 4-5 （a）对环芳烷类 TSCT 化合物的结构示意图；（b）化合物 STS-7 ~ STS-12 的化学结构[20]

2019 年，Chou 等报道了采用咔唑为分子骨架、三苯胺和 *S*, *S*-二氧二苯并噻吩（DBSO）分别为给体和受体的 TSCT 荧光化合物 STS-13 和 STS-14（图 4-6）[24]。具有刚性结构的咔唑骨架能够使得给体和受体互相靠近且采取面对面的排列方式，有利于实现 TSCT 发光。单晶结构解析表明，STS-13 和 STS-14 中给体和受体均呈面对面排列，三苯胺的 N 原子和 DBSO 单元的 S 原子之间的距离分别为 5.64 Å 和 6.73 Å。STS-14 在甲苯溶液中表现出位于 410 nm 和 500 nm 的两个发射峰，且其峰位均随着溶剂极性变大而红移，说明两个发射峰的本质均为 CT 峰。研究表明，波长较短的发光峰来源于咔唑与 DBSO 之间的 TBCT，而波长较长的发光峰来源于三苯胺与 DBSO 之间的 TSCT。长波长发射峰在除氧后的甲苯溶液中的发光强度相比未除氧的甲苯溶液中的明显增加，而短波长发射峰强度在除氧前后无明显变化。同时，通过监测长波长发射峰的荧光强度随时间衰减曲线可以看出，该发光峰在氩气气氛下具有明显的长寿命延迟荧光组分（100 μs），而在空气中延迟荧光组分消失，说明该发光峰具有 TADF 效应。STS-14 在薄膜态下仅表现出位于 513 nm 的单一发射峰，同时瞬态光谱表明其同时具有瞬时组分（τ_p = 96.1 ns）和延迟组分（τ_d = 0.365 μs）。采用 STS-13 为主体材料，以$(PPy)_2Ir(acac)$为掺杂剂组装的磷光器件的最大 EQE 为 20.4%，色度坐标为（0.31，0.63）。

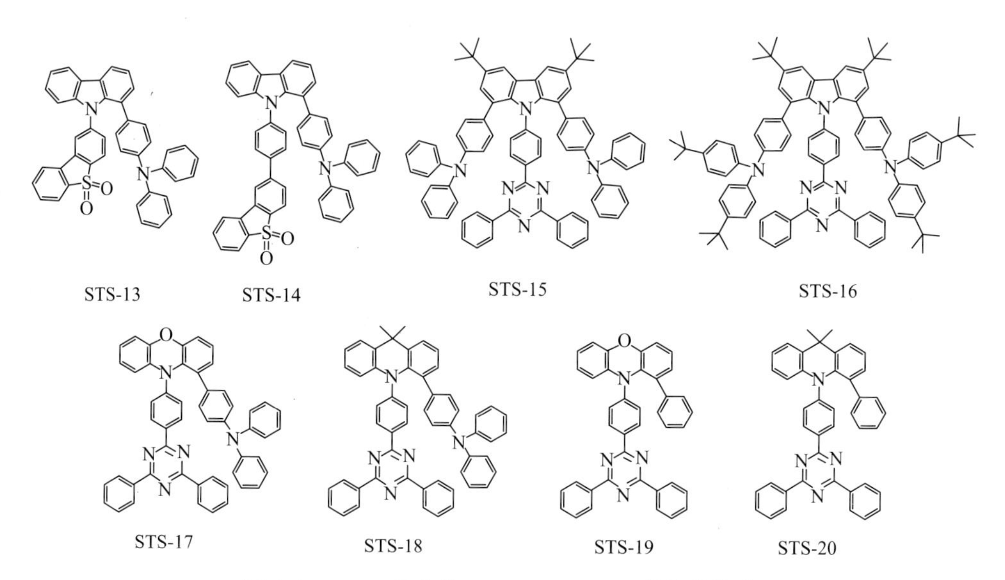

图 4-6　TSCT 化合物 STS-13～STS-20 的化学结构

程延祥等设计合成了一类以咔唑为分子骨架，给体和受体分别为三芳胺和三嗪的化合物 STS-15 和 STS-16[25]。STS-15 和 STS-16 在甲苯溶液中的发光峰位分别为 510 nm 和 520 nm，其有氧溶液的 PLQY 分别为 7%和 8%，而在除氧溶液中 PLQY 分别升高为 31%和 63%。荧光强度衰减曲线表明，两种分子均具有瞬时荧光组分和延迟荧光组分，其中延迟组分寿命约为 0.61 μs，同时延迟组分占比随着温度升高而增加，说明延迟组分来源于 TADF 效应。以 STS-15 和 STS-16 为发光层制备的溶液加工器件，其最大 EQE 分别为 14.5%和 22.6%。

Monkman 等报道了含有吩噁嗪和吖啶骨架、三苯胺给体以及三嗪受体的 TSCT 荧光化合物 STS-17 和 STS-18[26]。作为对比，他们还设计合成了不含有苯胺给体的化合物 STS-19 和 STS-20。其中含有吖啶骨架的化合物 STS-18 表现出多重发射特性，其发射峰来源于三苯胺/三嗪的 TSCT 发光以及吖啶/三嗪的 TBCT 发光。相反，STS-17 仅表现出单一发射特性，其发光峰来自吩噁嗪/三嗪的 TBCT 发光。这一区别产生的原因在于，吖啶单元中存在 sp^3 杂化的碳原子，能够使得 STS-18 的激发态构型松弛，导致给体与受体的苯环形成面对面排列，从而产生 TSCT 发射，而吩噁嗪结构刚性较强，给体与受体的苯环不能形成面对面排列，因此没有 TSCT 效应。采用 STS-18 为掺杂剂制备的 OLED 器件，其最大 EQE 为 10.5%，色度坐标为（0.20，0.35）。

2020 年，蒋佐权等研究了给体与受体之间的相对排列方式对 TSCT 效应的影响规律，通过采用 1, 9 位取代的螺芴为分子骨架，以具有桥连结构的三苯胺单元为给体和三嗪单元为受体，通过调控受体与螺芴单元的连接方式，制备了 TSCT 化合物 STS-21、STS-22 和 STS-23，其中 STS-21 和 STS-22 中的三嗪与芴之间分别采用对苯撑和间苯撑进行连接，而 STS-23 中的三嗪单元则直接与螺芴相连（图 4-7）[27]。作为对比，他们还采用二苯甲烷或 4, 9 位取代的螺芴代替 1, 9 位取代的螺芴单元作为连接给体与受体的分子骨架，设计合成了化合物 STS-24 和 STS-25。与 1, 9 位取代的螺芴单元具有刚性结构因而能够将给体和受体固定在螺芴的同一侧不同，STS-24 中二苯甲烷的两个苯环能够自由旋转，因此与其连接的给体和受体采取相对无序的排列方式。同时，在 STS-25 中，以 4, 9 位取代的螺芴作为分子骨架能够将给体与受体固定在相反的方向，从而抑制其空间相互作用。单晶结构解析表明，STS-21、STS-22 和 STS-23 的给体与受体均采取共面排列方式，相对距离分别为 3.16 Å、3.06 Å 和 2.83 Å。实验结果表明，采用 1, 9 位取代的螺芴为骨架的化合物具有很高的发光效率，STS-21、STS-22 和 STS-23 在薄膜状态下的 PLQY 分别达到 96%、92%和 88%，相反，采用二苯甲烷或 4, 9 位取代的螺芴为骨架的化合物则表现出较低的发光效率，其薄膜状态下的 PLQY 仅为 32%（STS-24）和 23%（STS-25），这表明采用 1, 9 位取代的螺芴将给体和受体固定在相互靠近的位置能够有效促进其空间 π-π 相互作用，从而增强 TSCT 发光。得益于其较小的 HOMO 和 LUMO 重叠程度，STS-21～STS-23 均具有较小的 ΔE_{ST}（−0.08～0.17 eV），且表现出很强的延迟荧光发射，STS-23 延迟荧光组分最高占比达到 84.1%，延迟荧光寿命为 3.3 μs。采用 STS-21 为掺杂剂（掺杂含量为 10 wt%～60 wt%），以 DPEPO 为主体材料制备的OLED器件的最大EQE均超过20%，其中掺杂浓度为50 wt%的器件表现出最优发光性能，最大 EQE 为 27.4%，在 1000 cd·m^{-2}亮度下的 EQE 为 24.4%，效率滚降为 10.9%。

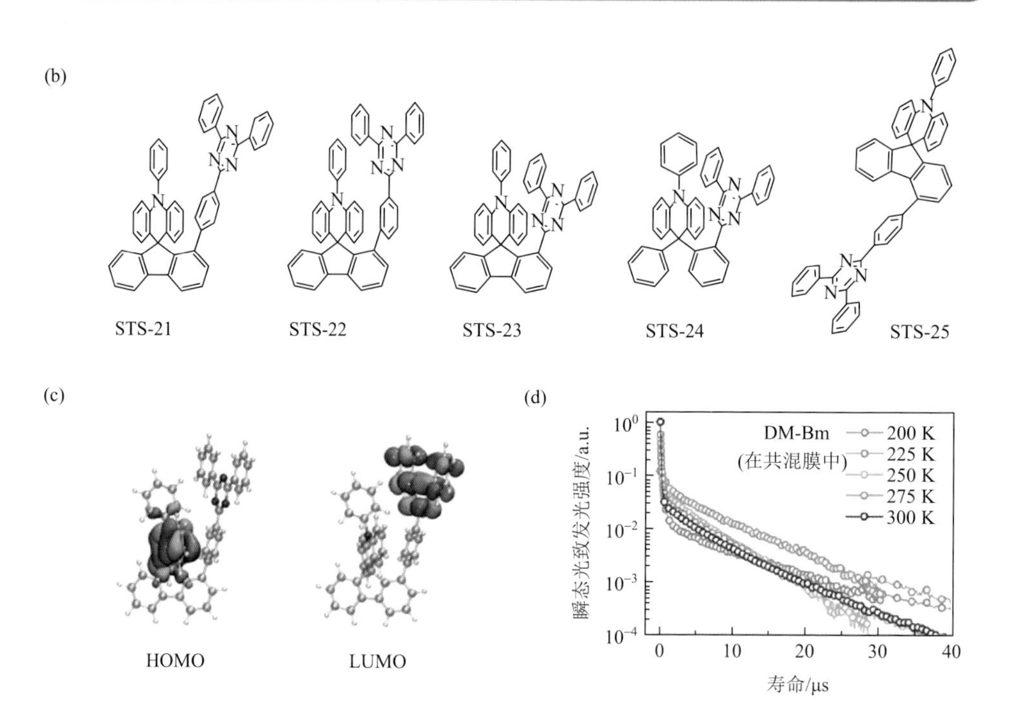

图 4-7 （a）不同的给/受体设计方式图例；（b）化合物 STS-21 ~ STS-25 的化学结构；（c）STS-21 的 HOMO/LUMO 分布；（d）STS-21 在不同温度下的瞬态荧光强度随时间衰减曲线[27]

2017 年，卢灿忠等采用邻位亚苯基为分子骨架，将咔唑或 3, 6-二叔丁基咔唑给体和三苯基硼受体连接到苯环的邻位，设计合成了一类同时具有 TBCT 和 TSCT 效应的荧光化合物 STS-26 和 STS-27（图 4-8）[29]。单晶结构解析表明，咔唑给体与三苯基硼受体上的苯环采取面对面排列的方式，其相对距离仅为 2.76～3.55 Å，从而保障给体与受体之间具有很强的 π-π 相互作用。理论计算结果表明，HOMO 主要分布在咔唑单元以及苯环骨架上，LUMO 则主要分布在三芳基硼单元上，因此 CT 能够通过苯环骨架以及通过空间相互作用同时发生，即兼具 TBCT 和 TSCT 效应。STS-26 和 STS-27 的 ΔE_{ST} 分别为 0.068 eV 和 0.046 eV，表现出典型的 TADF 特性，其荧光寿命衰减曲线均含有瞬时组分与延迟组分，其中延迟组分的寿命分别为 15 μs 和 14 μs。同时，由于 STS-27 具有高度扭曲的结构，能够抑制分子间 π-π 堆积引起的浓度猝灭，因而表现出很高的固态荧光量子效率（94%）。以 STS-26 和 STS-27 作为发光层制备的非掺杂溶液加工 OLED 器件的最大 EQE 分别为 8%和 19.1%，色度坐标分别为（0.15，0.17）和（0.15，0.26）。Lee 等采用邻位亚苯基为骨架，以吖啶为给体和三种有机硼单元（碳桥连芳基硼、氧桥连芳基硼和非桥连芳基硼）为受体，制备了化合物 STS-28、STS-29 和 STS-30[31]。在甲苯溶液中，三个化合物的发射峰位分别位于 501 nm（STS-28）、488 nm（STS-29）和 531 nm（STS-30），半峰宽分别为 66 nm、64 nm 和 73 nm。STS-28 和 STS-29 具有较小的半峰宽，说明其激发态结构松弛程度相对 STS-30 来说更小。三个化合物均表现出较高的荧光量子效率，在无氧甲苯溶液中的 PLQY 均接近 100%。其荧光强度衰减曲线表现出明显的延迟荧光组分，延迟寿命为 8.5～15.1 μs，且延迟组分荧光强度随温度升高逐渐增强，证明具有 TADF 效应。杨楚罗和谢国华等采用苯环为骨架，分别以三个 3, 6-二叔丁基咔唑和三个二氟氰基苯单元为给体和受体，设计合成了具有三重给/受体结构的化合物 STS-33[32]。一方面，给体与受体围绕中心苯环交替排列使得该化合物同时具有 TBCT 和 TSCT 效应，能够实现较小的 ΔE_{ST} 和较高的 PLQY；另一方面，与仅含有一个给体单元和一个受体单元的化合物 STS-31 以及含有两个给体单元和一个受体单元的化合物 STS-32 相比，STS-33 的三重给/受体结构能够促进单线态与三线态之间的振动耦合，实现高效的多通道 RISC 过程，其 k_{RISC} 从 STS-31 的（0.12±0.05）$\times 10^5\ s^{-1}$ 和 STS-32 的（2.27±0.30）$\times 10^5\ s^{-1}$ 提升至 STS-33 的（5.07±0.65）$\times 10^5\ s^{-1}$。同时，STS-33 具有高度扭曲结构，能够有效抑制分子间 π-π 堆积导致的发光猝灭，从而提升固态发光效率（PLQY 为 76%）。荧光强度衰减曲线表明 STS-33 具有显著的延迟荧光发射，延迟组分的寿命为 7.5 μs。采用 STS-33 作为发光层制备的非掺杂溶液加工器件的最大 EQE 为 21.0%，优于 STS-31（EQE_{max} = 2.6%）和 STS-32（EQE_{max} = 3.7%）作为发光层制备的器件。

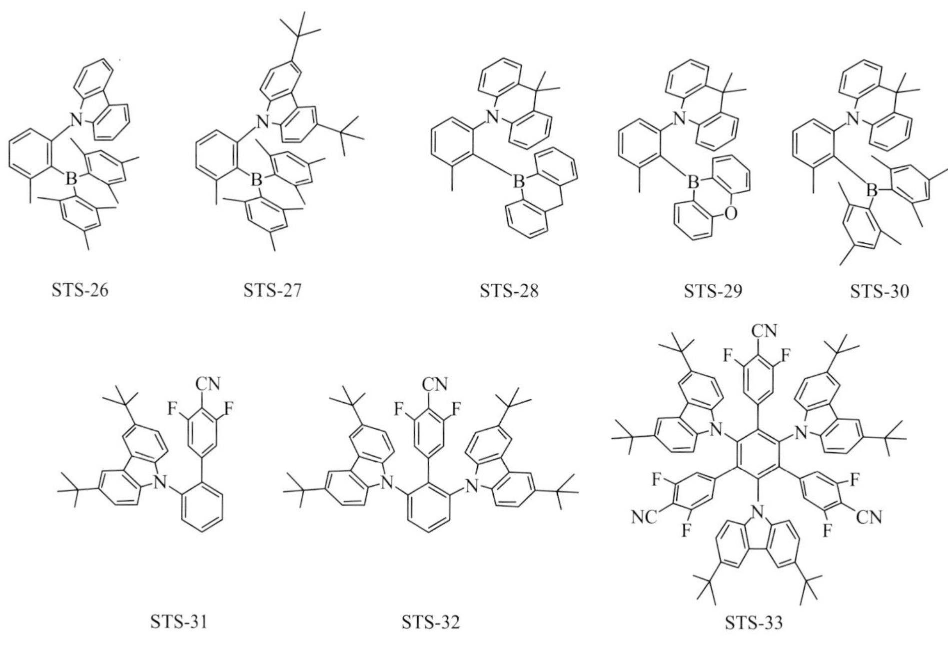

图 4-8 邻位亚苯基为分子骨架的 TSCT 化合物 STS-26 ~ STS-33 的化学结构

2019 年，赵祖金等报道了具有聚集诱导延迟荧光（AIDF）特性的 TSCT 荧光化合物[30]。通过采用六苯基苯为桥连单元，以吖啶和吩噁嗪为给体，以三嗪为受体，设计合成了两个化合物 STS-34 和 STS-35（图 4-9）。单晶解析表明，六苯基的外围苯环与中心苯环之间为正交构型，且六个外围苯环围绕中心苯环呈螺旋桨型排列，导致给体（吖啶）和受体（三嗪）之间最短距离仅为 2.871 Å，因而能够表现出空间 π-π 相互作用。理论计算表明，STS-34 和 STS-35 的 HOMO 主要分布在吩噁嗪或者吖啶给体单元上，而 LUMO 主要分布在三嗪受体单元上，较小的电子云重叠使得其 ΔE_{ST} 较小，分别为 0.0017 eV 和 0.0013 eV，因而能够有效促进三线态到单线态的 RISC。值得强调的是，STS-34 和 STS-35 在 THF 溶液中的 PLQY 仅为 5.5%和 9.1%，而在纯膜状态下 PLQY 提升至 61.5%和 51.8%，说明在聚集态下其发光得到增强。STS-34 和 STS-35 在 THF/水（体积比 10∶90）的混合溶剂中形成的聚集态的荧光强度相比于纯 THF 溶液态得到显著提升，表现出很强的 AIE 特性。同时，从瞬态荧光强度衰减曲线能够看出，STS-34 和 STS-35 在 THF 溶液中几乎没有延迟荧光发射，而当溶液中水含量增加到 99%时，延迟荧光组分显著增强，表明其延迟荧光来源于分子聚集。以 STS-34 和 STS-35 作为发光层制备的非掺杂器件的最大 EQE 分别为 12.7%和 6.5%，其中以 STS-34 为发光层的器件在 1000 $cd \cdot m^{-2}$ 下的 EQE 仍保持在 12.3%，表现出优异的效率滚降（3.1%）。

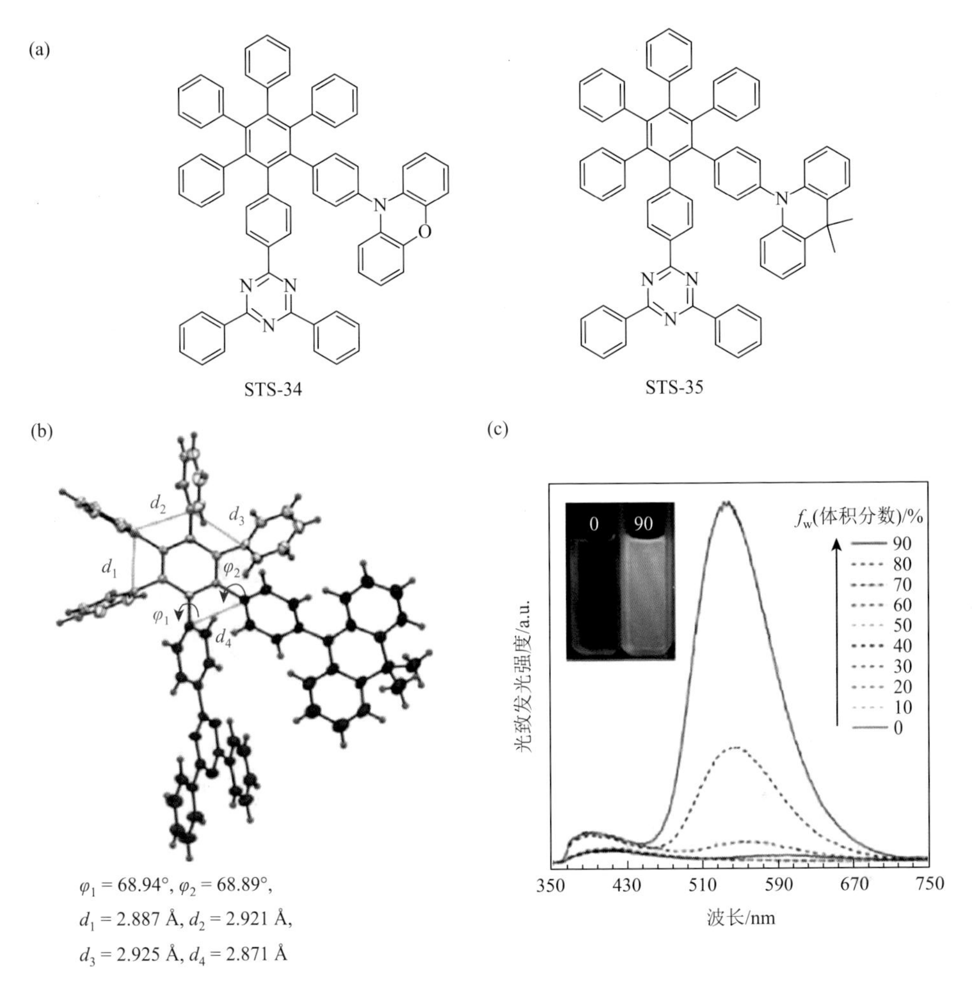

图 4-9　具有聚集诱导延迟荧光特性的 TSCT 化合物[30]

4.2　高分子材料及光电器件

通常来说，高分子荧光材料一般采用共轭主链结构和 TBCT 发光的设计思路，其主链结构一般是由芳香单元构成的共轭体系，电子云能够沿着高分子主链在多个重复单元之间进行离域，因而其发光本质来源于电子给体到电子受体的 TBCT。有别于经典的 TBCT 高分子荧光材料，王利祥等提出了 TSCT 高分子荧光材料的设计概念[34]，其结构特点是具有非共轭主链结构，即电子给体和电子受体之间通过非共轭结构连接，其发光本质来源于给体和受体的 TSCT。相比于 TBCT 高分子荧光材料，TSCT 高分子荧光材料的发光特性体现在两个方面：一是给体和受体通过非共轭单元连接，避免了给/受体之间较强的电子耦合作用，利于实现蓝光发射；二是给体和受体的电子云在空间上实现分离，因而 HOMO 和 LUMO 的重叠程度较小，有利于实现较小的 ΔE_{ST}，从而能够获得 TADF 效应。目前，TSCT 高分子荧光材料方面的研究进展体现在材料体系开发和发光性能调控等方面，如通过开发新型高分子骨架，发展了具有线形、高分子刷形和树枝状等不同拓扑结构的 TSCT 高分子荧光材料（图 4-10）；通过调控给/受体的推/拉电子能力和空间排列方式，报道了具有蓝光、绿光和红光三基色以及白光发射的高效 TSCT 高分子荧光材料。

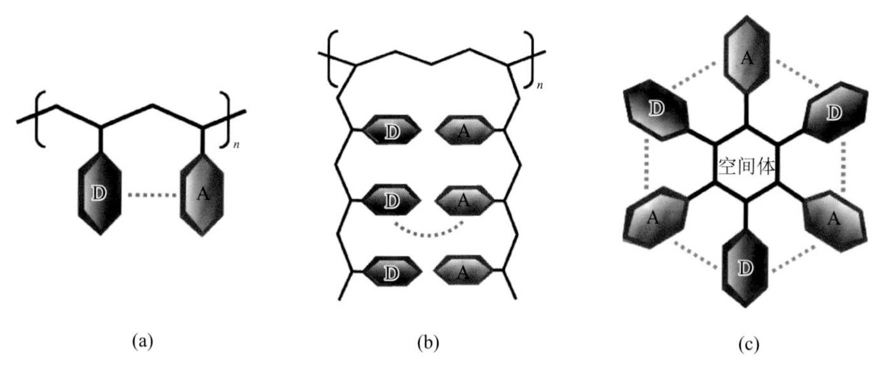

图 4-10　线形（a）、高分子刷形（b）和树枝状（c）TSCT 高分子荧光材料示意图

2017 年，王利祥等报道了第一例 TSCT 高分子荧光材料，其核心是采用非共轭聚苯乙烯为高分子骨架，分别以吖啶为给体和三嗪为受体报道了具有 TSCT 效应的蓝光高分子荧光材料 PTS-1 和 PTS-2（图 4-11）[34]。研究表明，给体和受体通过非共轭单元连接能够避免给/受体之间强的电子耦合作用，易于实现蓝光发射，其薄膜状态的发光峰位于 472 nm（PTS-1）。同时，由于给体和受体的电子云在空间上实现分离，HOMO 和 LUMO 的重叠程度较小，因此能够实现较小的ΔE_{ST}（0.019 eV），从而获得 TADF 效应，其延迟荧光寿命为 1.2 μs。重要的是，由于相邻给体和受体之间能够发生空间 π-π 相互作用，因而具有较高的荧光量子效率（薄膜状态荧光量子效率为 51%～60%）。对比研究表明，吖啶给体与三苯基三嗪受体形成的物理共混体系主要表现出给体和受体的自身发光，TSCT 高分子 PTS-1 和 PTS-2 主要表现出 TSCT 发光，并具有更高的 PLQY，表明给体与受体的共聚合是实现 TSCT 的关键。研究还发现，吖啶上含有四个叔丁基单元的共聚物仅表现出给体和受体单元的自身发射，其瞬态荧光光谱仅表现出瞬时荧光，而没有延迟荧光，说明大的位阻单元的引入能够抑制给体与受体之间的空间相互作用以及 TSCT 发光。以 PTS-1 为发光层制备的非掺杂溶液加工器件的色度坐标为（0.176，0.269），位于蓝光区，其 EQE 为 12.1%，且在 1000 cd·m^{-2} 亮度下仍维持在 11.5%，效率滚降低于 5.0%。

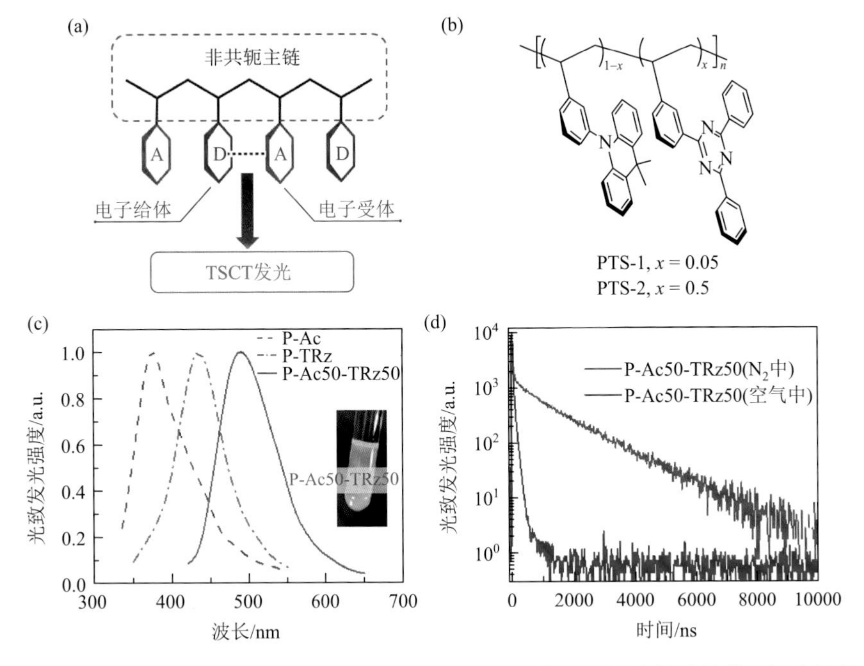

图 4-11　（a）TSCT 高分子荧光材料 PTS-1、PTS-2 的示意图；（b）化学结构；（c）甲苯溶液的荧光光谱；（d）瞬态荧光强度随时间衰减曲线[34]

围绕 TSCT 高分子荧光材料的发光颜色调控途径，王利祥等通过调节给体与受体之间的 TSCT 强度，报道了蓝、绿、红三基色高分子荧光材料 PTS-3～PTS-5（图 4-12）[35]。一方面，通过采用三氟甲基和氰基吡啶等强吸电子取代基代替三苯基三嗪受体中的苯环，能够提高受体的吸电子能力，增强给体与受体之间的 CT 强度，从而将发光峰位从天蓝光区（472 nm）逐渐红移至红光区（616 nm）。另一方面，采用弱吸电子的环己烷取代三苯基三嗪为受体，能够减弱给体与受体之间的 CT 强度，从而将发光峰位从天蓝光区（472 nm）蓝移至深蓝光区（455 nm）。也就是说，通过调控给体与受体之间的空间相互作用强度，能够使得 TSCT 高分子荧光材料的发光颜色覆盖整个可见光范围。同时，PTS-3～PTS-5 均表现出 TADF 效应（$\tau_d = 0.36～1.28$ μs），表明 TSCT 高分子的设计策略对于发展不同颜色的 TADF 高分子具有普适性。值得注意的是，这类高分子均表现出显著的 AIE 效应。以含有三氟甲基的绿光高分子 PTS-4 为例，其在 THF/水混合溶剂中的发光峰随着水含量的增加而逐渐增强，当水含量为 99%（体积分数）时发光强度相比其纯 THF 溶液提高 117 倍。TSCT 高分子荧光材料表现出 AIE 效应的可能原因是其给体与受体之间的相对距离在聚集状态下比在溶液态更近，因而在聚集态下表现出更强的偶极-偶极相互作用和空间 π-π 相互作用，从而有利于增强 TSCT 发光。器件评价结果表明，采用 PTS-3～PTS-5 为发光层制备的蓝光、绿光和红光溶液加工非掺杂器件的 EQE 分别为 7.1%、16.2%和 1.0%，激子利用率达到 67%～98%。另外，通过采用吖啶为给体，以两种含有不同吸电子能力的三嗪单元为受体（不含氰基的弱受体和含氰基的强受体），形成两种不同的给体/受体配对（吖啶/三嗪对和吖啶/氰基三嗪对），使得高分子产生两个 TSCT 发光通道，即来自吖啶/三嗪对的蓝色荧光和来自吖啶/氰基三嗪对的黄色荧光，实现了 TSCT 高分子荧光材料（PTS-6）的白光发射，其溶液加工非掺杂器件的色度坐标位于（0.31，0.42），$\eta_{P,\max}$ 和 EQE 分别为 34.8 lm·W^{-1} 和 14.1%。

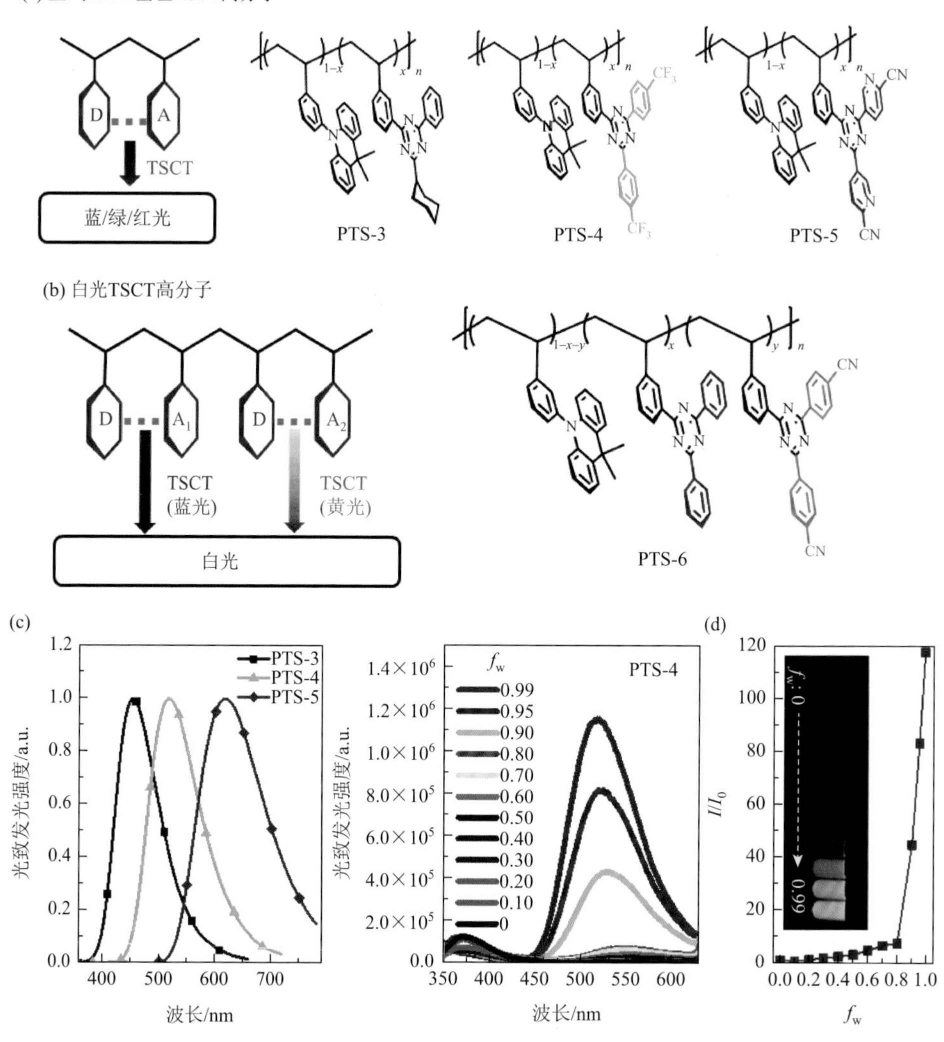

图 4-12　蓝、绿、红三基色 TSCT 高分子荧光材料（a）和白光 TSCT 高分子荧光材料（b）及其荧光光谱（c）和 AIE 效应（d）[35]

围绕 TSCT 高分子荧光材料的发光效率提升途径，王利祥等采用有机硼受体代替三嗪受体，报道了高分子荧光材料 PTS-7～PTS-12（图 4-13）[36, 37]。有机硼化合物的硼原子含有空的 p 轨道，能够与邻近的芳香体系之间产生 p-π^* 共轭效应而表现出吸电子特性，用作有机小分子 TADF 材料的受体单元表现出具有高发光效率和高色纯度等突出特征。通过采用含有氢、氟和三氟甲基等取代基的三苯基硼为受体来调控给体与受体之间的 CT 强度，设计合成了三种 TSCT 高分子 PTS-7～PTS-9。随着取代基的吸电子能力逐渐增强，荧光光谱从深蓝光区（429 nm）逐渐移动到天蓝光区（483 nm），同时其薄膜态 TSCT 从 27%提升至 53%。同时，采用氧桥连的三苯基硼代替非桥连的三苯基硼受体，并引入叔丁基、氢和氟等取代基来调控受体的吸电子能力，发展了三种 TSCT 高分子荧光材料 PTS-10、PTS-11 和 PTS-12。一方面，氧桥连三苯基硼受体的弱吸电子特性有利于实现蓝光；另一方面，其平面和刚性结构特征能够促进给体与受体之间的空间相互作用，提升荧光量子效率。研究表明，采用氧桥连三苯基硼受体代替非桥连有机硼受体，能够进一步增强其发光效率，使得薄膜态荧光量子效率达到 70%。基于有机硼受体的 TSCT 高分子荧光材料均表现出 TADF 效应和 AIE 效应，其荧光发射含有瞬时荧光和延迟荧光两个组分，其中延迟荧光组分的寿命最长为 0.25 μs；同时，与 THF 溶液相比，其在 THF/水混合溶剂中形成的聚集态的发光强度得到显著提升（27 倍）。采用 PTS-12 为发光层组装的溶液加工型非掺杂蓝光 OLED 器件的 $\eta_{C,\max}$ 为 30.7 cd·A^{-1}，EQE 为 15.0%。

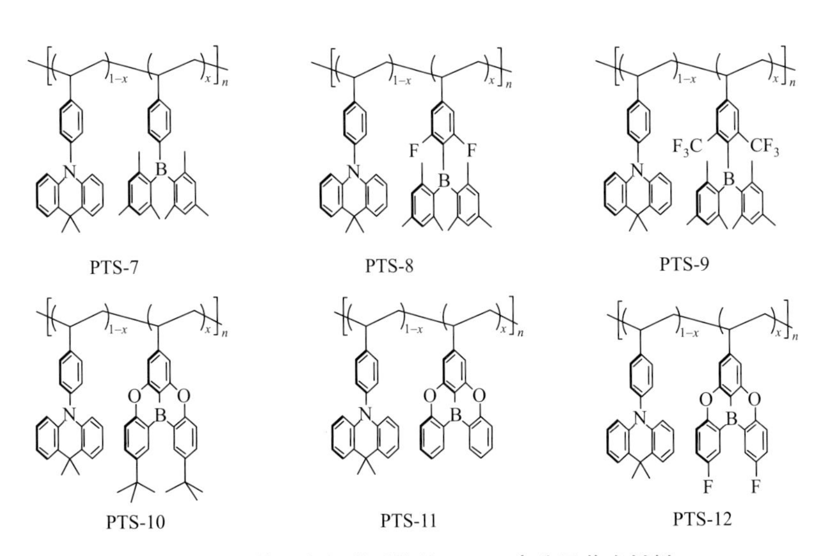

图 4-13 基于有机硼受体的 TSCT 高分子荧光材料

2020 年，王利祥等采用聚降冰片烯为非共轭高分子主链，通过控制降冰片烯单体的立体构型和调控给体单元的拓扑结构，发展了给体和受体空间排列方式固定且可控的 TSCT 蓝光高分子荧光材料（PTS-13、PTS-14，图 4-14）[38]。一方面，通过采用具有 *cis,exo*-构型的降冰片烯作为刚性骨架将给体和受体固定在同一重复单元，既能够避免聚苯乙烯 TSCT 高分子中存在的给体与受体围绕主链内旋转导致的相对运动，实现其排列方式的固定，又能够通过减小给体与受体之间的相对距离，增强其空间相互作用；另一方面，采用具有树枝状结构的二代吖啶为给体，利用相邻吖啶单元之间的正交构型实现给体与受体从边对面（edge-to-face）排列到面对面（face-to-face）排列的转变，能够实现对给体与受体空间排列方式的优化。单晶结构解析表明，降冰片烯单体的给体和受体采取顺式构型排列，即给体和受体位于靠近桥连碳原子的同一侧，因此能够使得给体和受体在空间上相互靠近（相互作用距离为 3.52～3.90 Å），保障 TSCT 效应的有效实现。同时，与边对面排列相比，面对面排列更有利于给体和受体电子云的空间 π-π 相互作用，表现出更高的荧光振子强度（f）和更高的发光效率，膜态荧光量子效率从 53%提升至 74%。所得的 TSCT 高分子表现出深蓝光到天蓝光发射（发光峰位 422～482 nm），且具有典型的 TADF 效应，延迟荧光寿命为 0.3～2.7 μs，k_{RISC} 为(0.4～5.9)×10^6 s^{-1}。基于聚降冰片烯 TSCT 高分子 PTS-14 为发光层组装的溶液加工型非掺杂蓝光 OLED 器件的最大 EQE 为 18.8%，在 1000 cd·m^{-2} 亮度下的效率为 16.1%。

高分子刷是一类将多个大分子支链同时接枝在一个主链上所形成的像刷子形状的聚合物，其大分子支链之间能够像线形高分子的侧链一样形成空间排列结构。2019 年，Hudson 等报道了具有“高分子刷形”结构特点的 TSCT 高分子荧光材料[39]，他们以吖啶为给体，以三嗪为受体，先采用 Cu（0）催化的可控自由基聚合构建侧链含有给体和/或受体的聚甲基丙烯酸甲酯大分子单体，然后采用开环易位聚合反应将大分子单体进行均聚或共聚，合成了具有无规（random）、杂臂（miktoarm）和嵌段（block）等结构特点的刷形 TSCT 高分子荧光材料（PTS-15～PTS-17，图 4-15）。在无规聚合物 PTS-15 和杂臂聚合物 PTS-16 中，给体和受体均能够在空间上相互靠近，因而均能表现出较强的 TSCT 发射以及 TADF 效应，其固态下的荧光光谱分别位于约 490 nm，延迟组分寿命达到 129 μs。相反，嵌段聚合物 PTS-17 的给体和受体则分别位于各自的嵌段之中，相互之间不能发生充分的空间 π-π 相互作用，因此其荧光光谱仅表现出吖啶和三嗪单元自身荧光峰的叠加，而没有 TSCT 峰出现，且没有观察到 TADF 效应。同时，无规聚合物 PTS-15 和杂臂聚合物 PTS-17 均表现出 AIE 效应，随着 THF 溶液中水含量的增加，其 TSCT 发光峰的强度逐渐提高，当水含量为 90%时，其发光强度相比其纯 THF 溶液分别提高 8.0 倍和 15.8 倍，相比之下，嵌段聚合物 PTS-17

没有表现出 AIE 效应，其 TSCT 发光峰即使在水含量为 90%时仍不显著。这一结果表明，给体与受体之间发生有效的 π-π 相互作用对于形成 TSCT 发光，以及产生 TADF 和 AIE 效应至关重要。

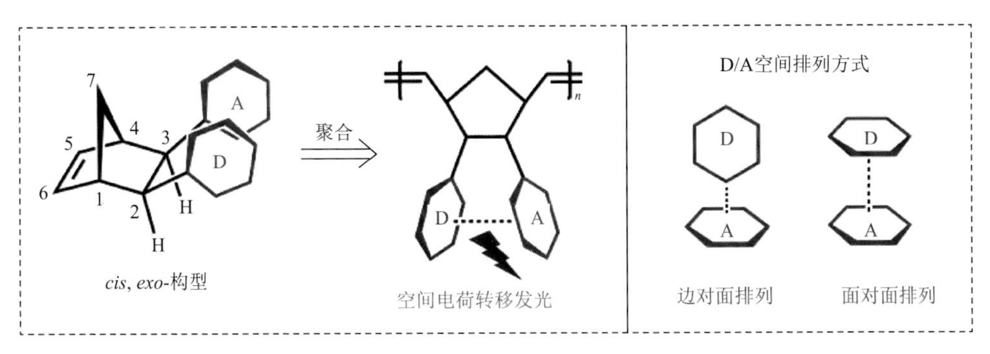

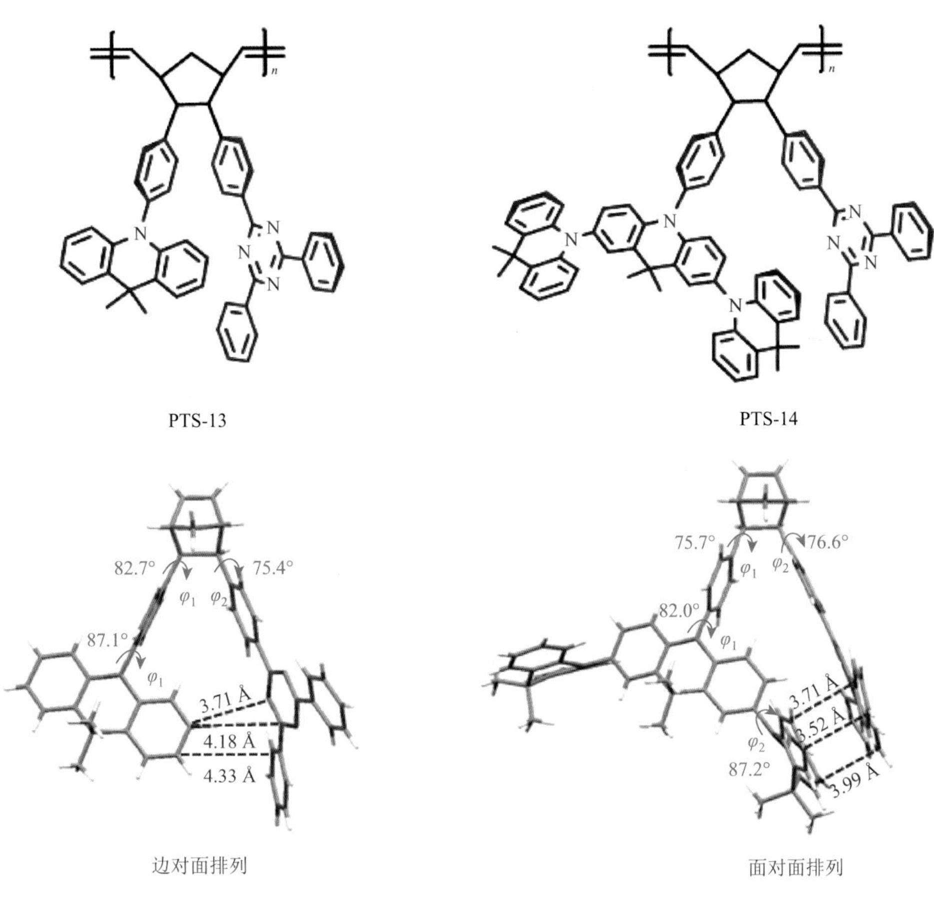

图 4-14　含有聚降冰片烯主链的 TSCT 高分子荧光材料[38]

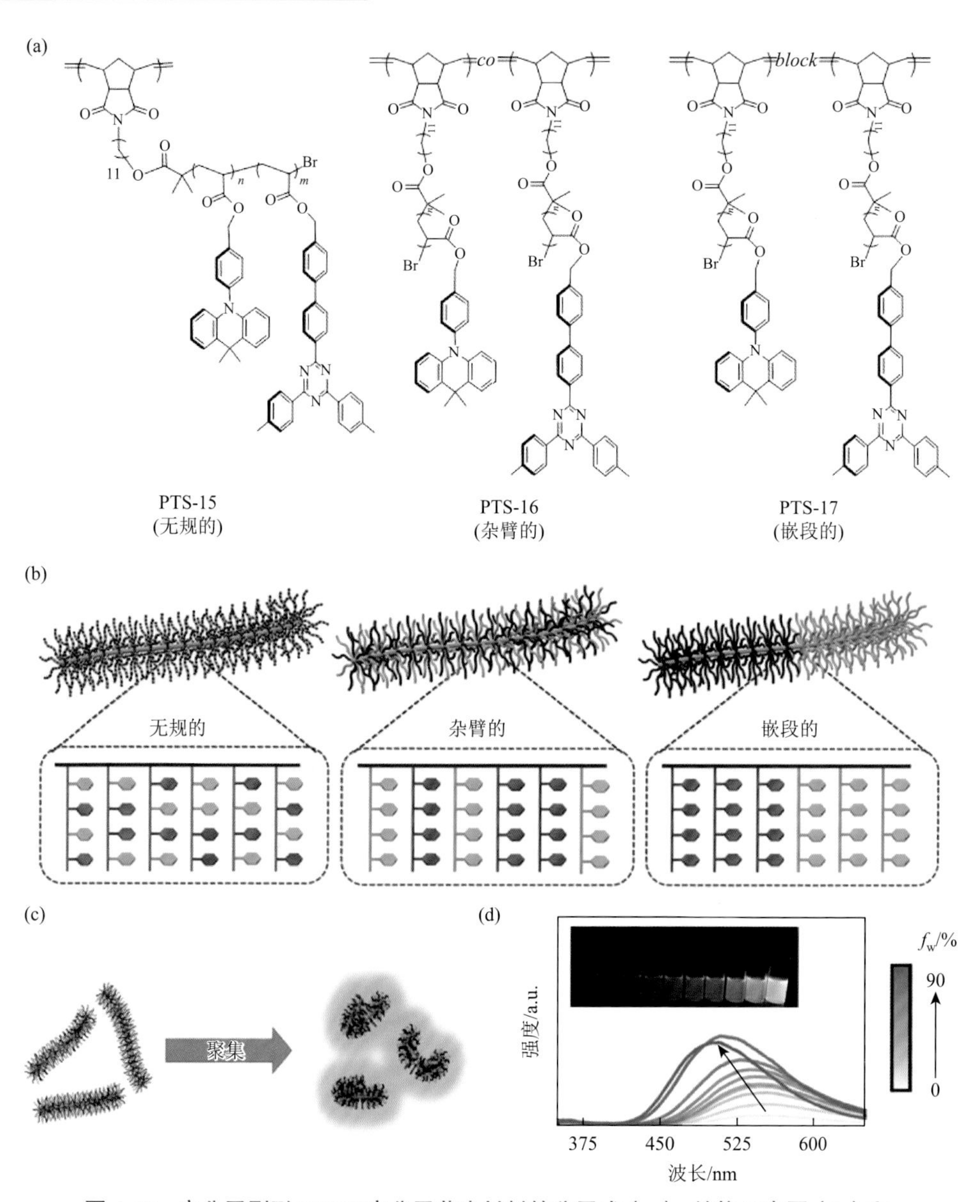

图 4-15　高分子刷形 TSCT 高分子荧光材料的分子式（a）、结构示意图（b）和 AIE 效应（c、d）[39]

树枝状荧光材料是一类具有三维结构的发光材料，一般由发光中心核、外围功能树枝和表面修饰基团三部分构成，其分子尺寸和拓扑结构能够在合成中得到精确控制，是发展溶液加工型 OLED 器件的典型材料体系之一。2019 年，王利祥等采用六苯基苯作为分子骨架，在六个外围苯环上分别引入树枝状吖啶单元和三嗪单元作为给体和受体形成空间上的给/受体交替排列结构，报道了 TSCT 树枝状荧光材料（PTS-18 和 PTS-19，图 4-16）[40]。六苯基苯具有类似于螺旋桨的几何结构，其中心苯环与外围苯环之间存在较大扭转角，使得外围苯环相互之间采取面对面排列，这种结构特点使得外围苯环之间存在空间 π-π 相互作用。因此，通过采用六苯基苯为空间限制单元，将树枝状吖啶和三嗪单元分别作为给体和受体引入六苯基苯外围形成给/受体交替排列结构，能够实现给体到受体的 TSCT 发光。理论计算结果表明，由于 HOMO 和 LUMO 的有效分离，PTS-18 和 PTS-19 表现出很小的ΔE_{ST}（＜0.10 eV），同时给体到受体的 CT 主要是通过空间的 π-π 相互作用来实现。瞬态荧光强度测试结果表明，PTS-18 和 PTS-19 均具有典型的 TADF 效应，在甲苯溶液中表现出瞬时荧光发射和延迟荧光发射，其中延迟荧光组分的寿命约为 3.16 μs。同时由于其螺旋桨形结构特点，PTS-18 和 PTS-19 均表现出 AIE 效应，其中 PTS-19 在 THF/水的混合溶剂中形成的聚集态的荧光强度相比其纯 THF 溶液提升 17 倍。基于 PTS-18 和 PTS-19 组装的溶液加工型 OLED 器件的最大 EQE 分别为 11.0%和 14.2%，色度坐标分别为（0.22，0.42）和（0.25，0.47）。

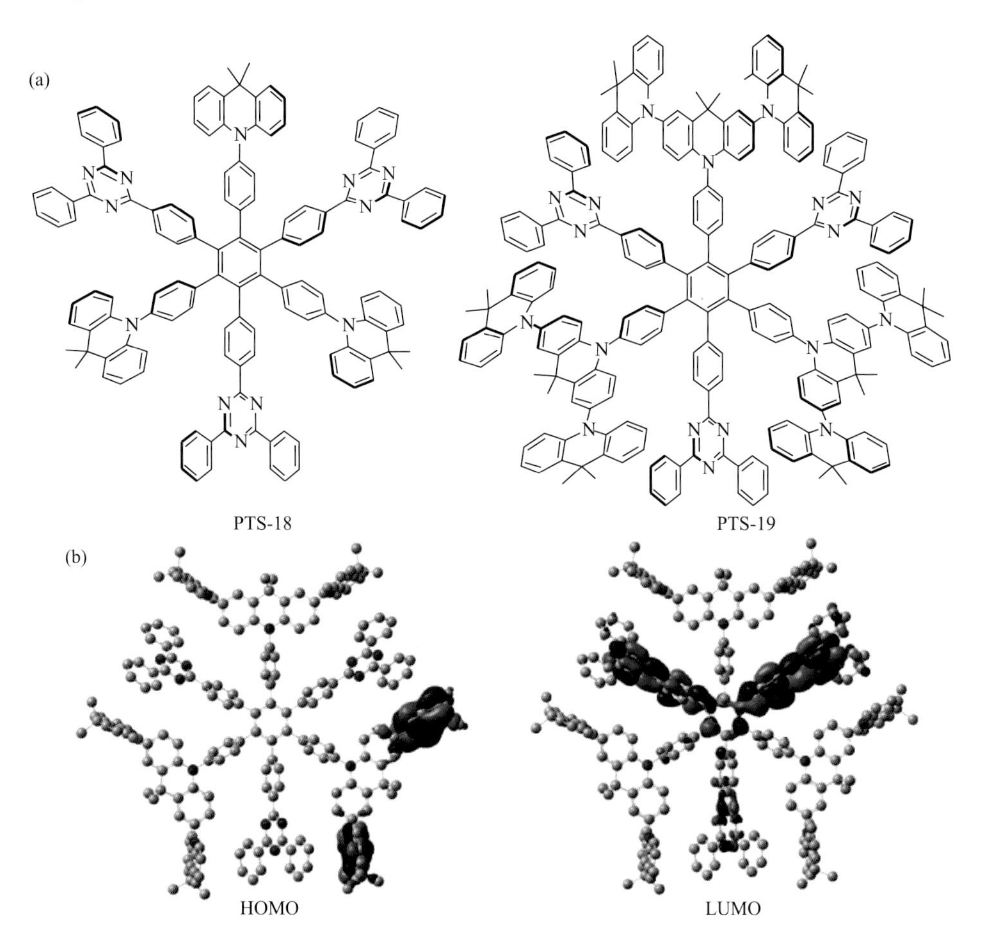

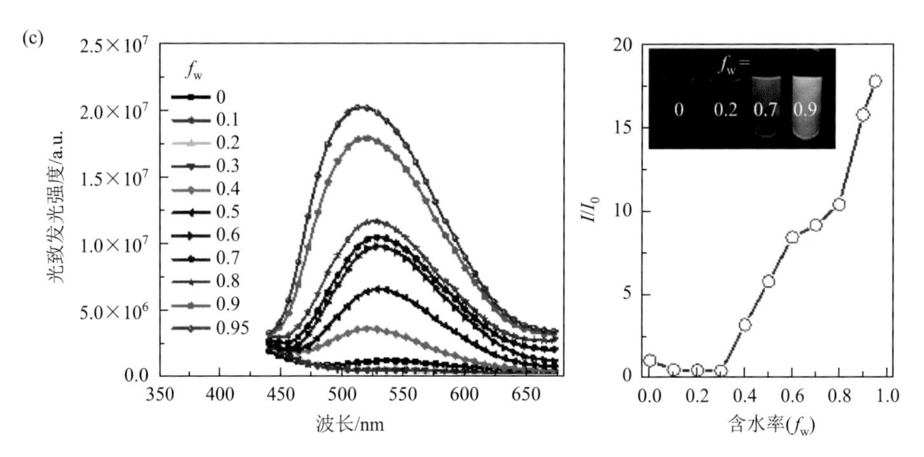

图 4-16 （a）树枝状 TSCT 高分子荧光材料的分子结构；（b）HOMO/LUMO 分布；（c）AIE 效应[40]

TSCT 高分子荧光材料除了能够直接作为发光材料以外，还能作为磷光染料的主体材料。2020 年，王利祥等通过在 TSCT 蓝光荧光高分子中引入黄光磷光染料，利用蓝光荧光组分到磷光染料的部分能量转移使得高分子同时产生蓝荧光和黄磷光发射，报道了基于 TSCT 效应的荧光/磷光混合型单一高分子白光材料 PTS-20（图 4-17）[41]。采用 TSCT 高分子既作为蓝光发光组分、又作为黄光磷光染料的主体的优势在于：一方面蓝光和黄光组分均能实现对单线态和三线态激子的利用，从而实现高的器件效率；另一方面蓝光组分能够利用其 TADF 效应将三线态激子转变成单线态激子，并通过长程 Förster 能量转移将部分激子转移至磷光染料发光，从而避免了高亮度下的三线态激子猝灭，进而实现低的效率滚降。采用 PTS-20 制备的溶液加工型非掺杂器件的色度坐标为（0.38，0.43），η_P 为 42.8 $lm \cdot W^{-1}$，且在 1000 $cd \cdot m^{-2}$ 亮度下的效率衰减仅为 1.9%，优于采用传统高分子主体的对比器件（效率衰减 25.1%）。

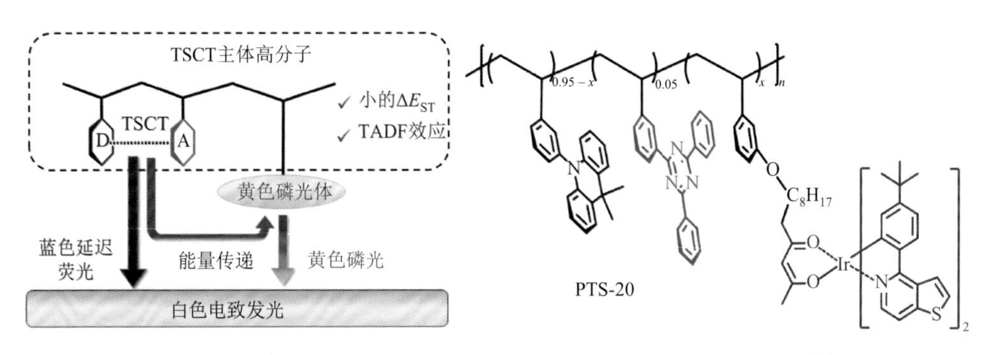

图 4-17 TSCT 高分子荧光材料作为主体的单一高分子白光材料[41]

4.3 结论与展望

总之，近年来 TSCT 有机高分子 TADF 材料的研究取得了快速发展，形成了面向真空蒸镀工艺的 TSCT 小分子荧光材料和面向溶液加工工艺的 TSCT 高分子荧光材料两类主要材料体系，且器件性能取得了大幅提升（蓝光小分子和高分子荧光材料的 EQE 分别超过 27%和 18%），成为未来发展低成本、高效率有机荧光材料的前沿方向。TSCT 有机高分子 TADF 材料的未来发展需要从材料和器件两个方面持续加以关注。在材料设计方面，需要围绕给/受体空间相互作用的实现，开发新型分子骨架以及新型电子给体与受体单元，通过对给体和受体相对距离和排列方式的调控，实现发光效率的提升。在器件性能方面，需要围绕三基色和白光器件的性能提升开发新型器件结构，特别是围绕提升 EQE 以及降低效率滚降对载流子传输平衡性进行优化；同时采用 TSCT 化合物作为主体发展敏化磷光和荧光器件能够实现激子利用率和荧光量子效率的协同提升，是提高器件效率的有效手段，值得重点关注。相信随着材料结构的不断优化和器件性能的进一步提升，基于 TSCT 效应的有机高分子荧光材料有望成为未来有机电致发光材料的代表性体系之一，能够为下一代低成本、大面积显示和照明技术的发展提供材料保障。

参考文献

[1] Brédas J L，Beljonne D，Coropceanu V，et al. Charge-transfer and energy-transfer processes in π-conjugated oligomers and polymers：a molecular picture. Chemical Reviews，2004，104（11）：4971-5004.

[2] Li Y，Liu T，Liu H，et al. Self-assembly of intramolecular charge-transfer compounds into functional molecular systems. Accounts of Chemical Research，2014，47（4）：1186-1198.

[3] Kowada T，Maeda H，Kikuchi K. BODIPY-based probes for the fluorescence imaging of biomolecules in living cells. Chemical Society Reviews，2015，44：4953-4972.

[4] Roy P，Jha A，Yasarapudi V B，et al. Ultrafast bridge planarization in donor-π-acceptor copolymers drives intramolecular charge transfer. Nature Communications，2017，8（1）：1716.

[5] Chen C，Huang R，Batsanov A S，et al. Intramolecular charge transfer controls switching between room temperature phosphorescence and thermally activated delayed fluorescence. Angewandte Chemie International Edition，2018，57（50）：16407-16411.

[6] Endo A，Sato K，Yoshimura K，et al. Efficient up-conversion of triplet excitons into a singlet state and its application for organic light emitting diodes. Applied Physics Letters，2011，98（8）：083302.

[7] Uoyama H，Goushi K，Shizu K，et al. Highly efficient organic light-emitting diodes from delayed fluorescence. Nature，2012，492（7428）：234-238.

[8] Tao Y，Yuan K，Chen T，et al. Thermally activated delayed fluorescence materials towards the breakthrough of

organoelectronics. Advanced Materials，2014，26（47）：7931-7958.

[9] Zhang D，Duan L，Li C，et al. High-efficiency fluorescent organic light-emitting devices using sensitizing hosts with a small singlet-triplet exchange energy. Advanced Materials，2014，26（29）：5050-5055.

[10] Wong M Y，Zysman-Colman E. Purely organic thermally activated delayed fluorescence materials for organic light-emitting diodes. Advanced Materials，2017，29（22）：1605444.

[11] Yang Z，Mao Z，Xie Z，et al. Recent advances in organic thermally activated delayed fluorescence materials. Chemical Society Reviews，2017，46（3）：915-1016.

[12] Cai X，Su S J. Marching toward highly efficient，pure-blue，and stable thermally activated delayed fluorescent organic light-emitting diodes. Advanced Functional Materials，2018，28（43）：1802558.

[13] Zou Y，Gong S，Xie G，et al. Design strategy for solution-processable thermally activated delayed fluorescence emitters and their applications in organic light-emitting diodes. Advanced Optical Materials，2018，6（23）：1800568.

[14] Weiss E A，Sinks L E，Lukas A S，et al. Influence of energetics and electronic coupling on through-bond and through-space electron transfer within U-shaped donor-bridge-acceptor arrays. Journal of Physical Chemistry B，2004，108（29）：10309-10316.

[15] Luo J，Xie Z，Lam J W Y，et al. Aggregation-induced emission of 1-methyl-1, 2, 3, 4, 5-pentaphenylsilole. Chemical Communications，2001，（18）：1740-1741.

[16] Mei J，Leung N L C，Kwok R T K，et al. Aggregation-induced emission：together we shine，united we soar!. Chemical Reviews，2015，115（21）：11718-11940.

[17] Li J，Shen P，Zhao Z，et al. Through-space conjugation：a thriving alternative for optoelectronic materials. Chinese Chemical Society Chemistry，2019，1（2）：181-196.

[18] Kawasumi K，Wu T，Zhu T，et al. Thermally activated delayed fluorescence materials based on homoconjugation effect of donor-acceptor triptycenes. Journal of the American Chemical Society，2015，137（37）：11908-11911.

[19] Wada Y，Nakagawa H，Matsumoto S，et al. Molecular design realizing very fast reverse intersystem crossing in purely organic emitter. 2019. https://doi.org/10.26434/chemrxiv.9745289.

[20] Spuling E，Sharma N，Samuel I D W，et al.（Deep）blue through-space conjugated TADF emitters based on [2.2]paracyclophanes. Chemical Communications，2018，54（67）：9278-9281.

[21] Zhang M Y，Li Z Y，Lu B，et al. Solid-state emissive triarylborane-based [2.2]paracyclophanes displaying circularly polarized luminescence and thermally activated delayed fluorescence. Organic Letters，2018，20（21）：6868-6871.

[22] Auffray M，Kim D H，Kim J U，et al. Dithia[3.3]paracyclophane core：a versatile platform for triplet state fine-tuning and through-space TADF emission. Chemistry：An Asian Journal，2019，14（11）：1921-1925.

[23] Tsujimoto H，Ha D G，Markopoulos G，et al. Thermally activated delayed fluorescence and aggregation induced emission with through-space charge transfer. Journal of the American Chemical Society，2017，139（13）：4894-4900.

[24] Lin J A，Li S W，Liu Z Y，et al. Bending-type electron donor-donor-acceptor triad：dual excited-state charge-transfer coupled structural relaxation. Chemistry of Materials，2019，31（15）：5981-5992.

[25] Li K，Zhu Y，Yao B，et al. Rotation-restricted thermally activated delayed fluorescence compounds for efficient solution-processed OLEDS with EQES of up to 24.3% and small roll-off. Chemical Communications，2020，56（44）：5957-5960.

[26] Woon K L，Yi C L，Pan K C，et al. Intramolecular dimerization quenching of delayed emission in asymmetric D-D′-A TADF emitters. Journal of Physical Chemistry C，2019，123（19）：12400-12410.

[27] Tang X，Cui L S，Li H C，et al. Highly efficient luminescence from space-confined charge-transfer emitters. Nature

Materials，2020，19（12）：1332-1338.

[28] Wang Y K，Huang C C，Ye H，et al. Through space charge transfer for efficient sky-blue thermally activated delayed fluorescence（TADF）emitter with unconjugated connection. Advanced Optical Materials，2020，8（2）：1901150.

[29] Chen X L，Jia J H，Yu R，et al. Combining charge-transfer pathways to achieve unique thermally activated delayed fluorescence emitters for high-performance solution-processed，non-doped blue OLEDs. Angewandte Chemie International Edition，2017，56（47）：15006-15009.

[30] Zhang P，Zeng J，Guo J，et al. New aggregation-induced delayed fluorescence luminogens with through-space charge transfer for efficient non-doped OLEDs. Frontiers in Chemistry，2019，7：199.

[31] Kim J，Lee T，Ryu J Y，et al. Highly emissive *ortho*-donor-acceptor triarylboranes：impact of boryl acceptors on luminescence properties. Organometallics，2020，39（12）：2235-2244.

[32] Zheng X，Huang R，Zhong C，et al. Achieving 21% external quantum efficiency for nondoped solution-processed sky-blue thermally activated delayed fluorescence OLEDs by means of multi-(donor/acceptor) emitter with through-space/-bond charge transfer. Advanced Science，2020，7（7）：1902087.

[33] Wada Y，Nakagawa H，Matsumoto S，et al. Organic light emitters exhibiting very fast reverse intersystem crossing. Nature Photonics，2020，14（10）：643-649.

[34] Shao S，Hu J，Wang X，et al. Blue thermally activated delayed fluorescence polymers with nonconjugated backbone and through-space charge transfer effect. Journal of the American Chemical Society，2017，139（49）：17739-17742.

[35] Hu J，Li Q，Wang X，et al. Developing through-space charge transfer polymers as a general approach to realize full-color and white emission with thermally activated delayed fluorescence. Angewandte Chemie International Edition，2019，58（25）：8405-8409.

[36] Chen F，Hu J，Wang X，et al. Synthesis and electroluminescent properties of through-space charge transfer polymers containing acridan donor and triarylboron acceptors. Frontiers in Chemistry，2019，7：854.

[37] Chen F，Hu J，Wang X，et al. Through-space charge transfer blue polymers containing acridan donor and oxygen-bridged triphenylboron acceptor for highly efficient solution-processed organic light-emitting diodes. Science China Chemistry，2020，63（8）：1112-1120.

[38] Li Q，Hu J，Lv J，et al. Through-space charge-transfer polynorbornenes with fixed and controllable spatial alignment of donor and acceptor for high-efficiency blue thermally activated delayed fluorescence. Angewandte Chemie International Edition，2020，59（45）：20174-20182.

[39] Tonge C M，Hudson Z M. Interface-dependent aggregation-induced delayed fluorescence in bottlebrush polymer nanofibers. Journal of the American Chemical Society，2019，141（35）：13970-13976.

[40] Wang X，Wang S，Lv J，et al. Through-space charge transfer hexaarylbenzene dendrimers with thermally activated delayed fluorescence and aggregation-induced emission for efficient solution-processed OLEDs. Chemical Science，2019，10（10）：2915-2923.

[41] Hu J，Li Q，Shao S，et al. Single white-emitting polymers with high efficiency，low roll-off，and enhanced device stability by using through-space charge transfer polymer with blue delayed fluorescence as host for yellow phosphor. Advanced Optical Materials，2020，8（11）：1902100.

基于 AIE 材料的荧光/磷光混合型 WOLED

白光有机发光二极管（white organic light-emitting diode，WOLED）是新一代照明技术，具有平面发光、光线柔和、无眩光和蓝光伤害、易大面积和柔性可弯曲的优点。目前，由蓝光荧光材料和红光/绿光或黄光磷光材料制备而成的荧光/磷光混合型 WOLED，由于同时具备了荧光材料长寿命和磷光材料高效率的特性，是实现高效率和长寿命 WOLED 的最有效的器件结构。在荧光/磷光混合型 WOLED 中，所用的蓝光荧光发光材料至关重要，而传统荧光发光材料还无法满足要求。相比之下，聚集诱导发光（AIE）材料由于具有在固态薄膜下高发光效率的特点而成为一种有效的选择。本章总结了迄今取得的基于 AIE 材料的荧光/磷光混合型 WOLED 的主要结果。可以看到，用 AIE 材料制备的荧光/磷光混合型 WOLED，不但表现了低电压、高效率的特性，在高亮度下的效率滚降也得到了明显改善，成为有希望的材料体系，未来在 OLED 照明领域必将有广阔的应用前景。

WOLED 由于具有环境友好、光线柔和、无眩光和蓝光伤害、柔性可弯曲等优点而成为下一代照明技术[1]。根据所用发光材料性质不同，WOLED 通常可分为三种类型：荧光型、磷光型和荧光/磷光混合型[2]。虽然荧光型 WOLED 具有长寿命和低成本的优点，但低效率问题限制了其实际应用[3]。用过渡金属配合物作为发光材料的磷光型 WOLED 由于同时俘获单线态和三线态激子而实现了 100%内量子效率发射，但蓝光磷光材料寿命短和成本高的问题也阻碍了其发展[4]。相比较来说，荧光/磷光混合型 WOLED 由于在电致发光过程中也能够同时利用单线态和三线态激子，理论上实现 100%的内量子效率，因此其研究受到了广泛的关注。通常荧光/磷光混合型 WOLED 是由一个稳定的蓝光荧光材料和高效、稳定的长波长红绿或黄光磷光材料组合而成，避免了不稳定的蓝光磷光材料的使用。因此，荧光/磷光混合型 WOLED 具有高效率、长寿命的特点，在实际应用中明显优于荧光型和磷光型 WOLED[2, 5-8]。很显然，在高性能荧光/磷光混合型 WOLED 的制备过程中，高效率蓝光荧光材料的使用显得尤为重要。

如我们所知，通常的荧光发光材料由于浓度猝灭效应而存在荧光效率低的缺点，因此当制备 OLED 时，一个普遍有效的方法是将这些发光分子以低浓度的方式掺杂在适当的主体中以避免聚集[2, 6]，这就需要精确地控制掺杂的蓝光荧光发光材料的浓度，特别是当进一步掺杂磷光发光材料制备 WOLED 时，大大增加了制备工艺的难度。虽然纯的杂化局域电荷转移（hybridized local and charge transfer，HLCT）和三线态–三线态湮灭（triplet-triplet annihilation，TTA）分子作为发光层可以制备非掺杂 OLED，并且理论上分别获得 100%和 62.5%的内量子效率（IQE）和低效率滚降特性，但它们低的 T_1 能级使其很难作为好的磷光主体，这样在设计 WOLED 时激子猝灭问题不得不考虑。因此，迫切需要开发新的蓝光荧光发光材料，其不仅本身具有高效发光特性，也可以作为良好的磷光主体。

相对而言，AIE 有机材料由于其高度扭曲的构象和微弱的分子间相互作用而具有聚集态或固态强发射的重要特点，是一种极具吸引力的可选择材料体系[9, 10]。这意味着，AIE 材料能够有效地抑制在固态薄膜下的激子猝灭，从而显示出作为纯发光层材料制备高效率和低效率滚降非掺杂 OLED 的巨大潜力，包括蓝光发射[11-13]，最近在材料合成上的一些进展也已充分阐明了这种可能性[14-18]。本章综述了基于 AIE 材料的混合型 WOLED 的最新进展，并展望了利用 AIE 材料制备高性能 WOLED 的未来发展。

5.1 荧光/磷光混合型 WOLED 的典型结构

荧光/磷光混合型 WOLED 的基本要求是蓝光发光源于荧光的单线态激子，而红/绿或黄光源于磷光的三线态激子，这样取得 100%的激子利用率，这也是荧光/磷光混合型 WOLED 的最大特点。为了达到上述目的，人们在材料[19]和器件结构[2]上做了大量工作。目前典型的荧光/磷光混合型 WOLED 结构包括单层、带有间隔层的多层、无间隔层的多层和叠层四种类型，其结构和电致发光过程分别如图 5-1（a）～（d）所示。

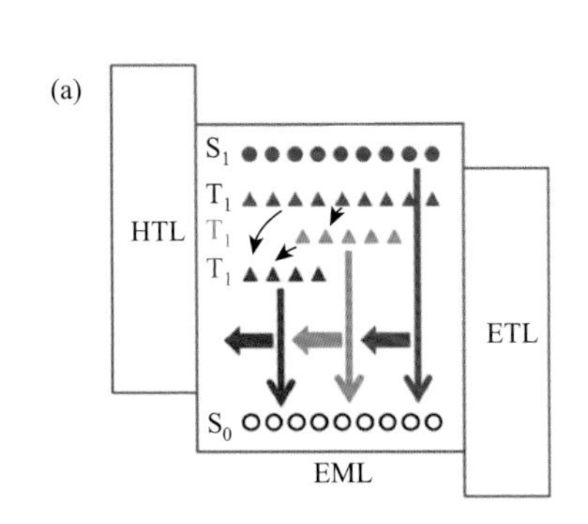

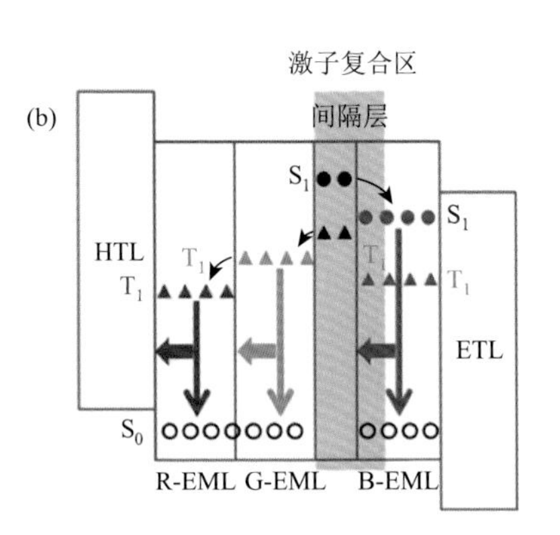

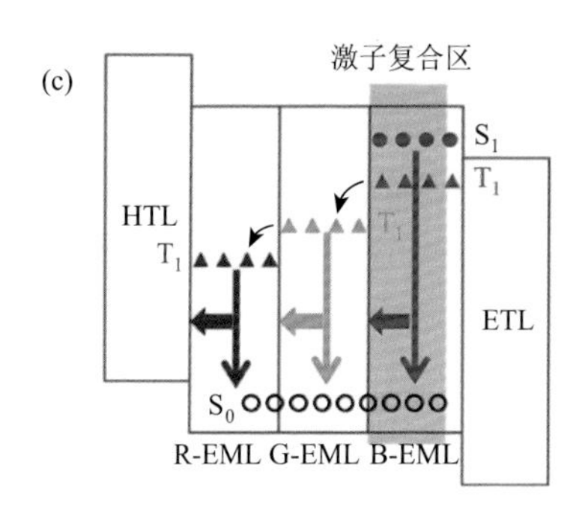

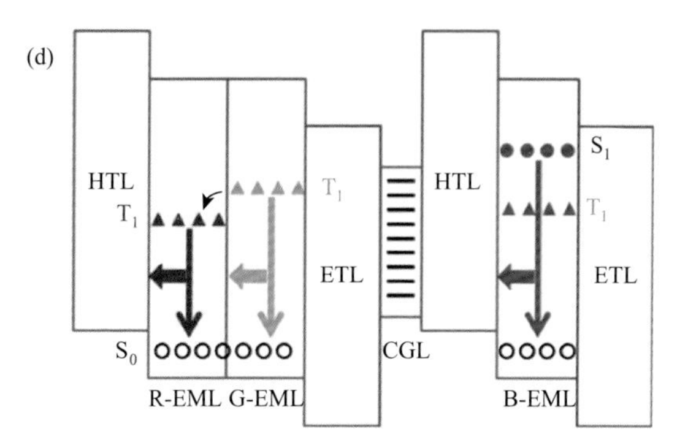

图 5-1　不同类型荧光/磷光混合型 WOLED 的结构和激子发射可能的能量传递过程：（a）单层结构；（b）带有间隔层的多层结构；（c）无间隔层的多层结构；（d）叠层结构

HTL：空穴传输层；ETL：电子传输层；EML：发光层；R-EML：红光发光层；G-EML：绿光发光层；B-EML：蓝光发光层；S_0：单线态基态；S_1：单线态激发态；T_1：三线态激发态

单层是制备高效荧光/磷光混合型 WOLED 的最简单结构，如图 5-1（a）所示，该器件是通过简单地在蓝光荧光发光主体中低浓度掺杂红/绿光（或黄光）磷光发光材料制成的。其电致发光过程是：注入的电子和空穴首先在蓝光荧光发光主体分子上复合，之后形成的单线态激子在荧光分子上辐射衰减发射蓝光，而形成的三线态激子则将能量传递给磷光分子并辐射衰减发射红/绿光或黄光。因此，如何精确控制磷光发光分子的掺杂浓度以确保单线态激子用于荧光发射，而三线态激子用于磷光发射，以便形成有效的白光发射，是这个器件设计的关键。另外，蓝光荧光分子的三线态能级一定要高于掺杂的磷光分子的三线态能级，确保在荧光分子上的三线态激子能量能有效地传递给磷光分子。目前，用这种器件结构已成功制备出高效率荧光/磷光混合型 WOLED[20, 21]。

大多数用来制备高效率 OLED 的蓝光荧光发光材料通常表现出比磷光发光材料更低的三线态能级，在这种情况下，带有间隔层的多层结构就成为制备荧光/磷光混合型 WOLED 的一种有效策略，器件结构如图 5-1（b）所示。可以看到，一个具有高三线态能级的间隔层被放置在磷光层和蓝光荧光层之间，以便在磷光分子上的三线态激子不能被具有低三线态能级的蓝光荧光分子猝灭。很显然，这个器件的激子复合区必须控制在近蓝光层的间隔层内，而电子和空穴传输材料组成的混合物通常被用作间隔层，这样激子复合的位置就可以很好地通过混合物的比例来调节。因此，在间隔层分子上形成的单线态激子通过 Förster 能量传递给荧光分子进行蓝光发射，而形成的三线态激子则通过 Dexter 传递给磷光分子进行红/绿（或黄）光发射，从而实现 100%激子利用率的混合白光发射。

然而，带有间隔层的多层结构的缺点也是很明显的，其工作电压会由于间隔层的压降而升高，因此特别希望用具有高三线态能级的高效蓝光荧光材料来制备荧光/磷光混合型 WOLED，实现三线态激子的有效俘获，为此人们设计了无间隔层的多层结构[22]，器件结构和激子发光可能的能量传递过程如图 5-1（c）所示。在这种结构中，在蓝光荧光分子上形成的单线态激子由于其短的扩散长度特性而被限制在荧光层中进行蓝光发射，而形成的三线态激子则通过其长的激子扩散长度迁移到磷光层中进行红/绿（或黄）光发射。因此，无间隔层的多层结构设计的关键是有效控制激子复合区在蓝光发光层内，并根据单线态激子扩散长度来有效优化发光层厚度，确保单线态激子很好地限制在荧光层内[23]。蓝光荧光层可以放在传输层和红/绿磷光层之间，也可以放在红光和绿光磷光层之间，都制备出了高效率 WOLED[22, 23]。后来，马东阁等发现，通过在双极性主体中低浓度掺杂的方式，也可以在无间隔层的多层结构中使用低三线态能级的蓝光荧光发光材料来制备荧光/磷光混合型 WOLED，避免了蓝光荧光发光材料的选择限制[24, 25]。

此外，叠层结构也是用来制备高效、稳定荧光/磷光混合型 WOLED 的一个很有效的策略，因为和单元器件相比，叠层器件可以在低电流密度下获得更高的亮度[26]，这对于由电荷产生层（CGL）作为中间连接层而把两个或多个发光单元串联起来，并用一个电源驱动的叠层 OLED 来说，不仅亮度和电流效率（η_C）可以得到成倍提升，其发光颜色也可以通过发光单元颜色的改变而改变，从而实现白光发射。在叠层器件中，从 Al 阴极和 ITO 阳极注入的电子和空穴分别和从 CGL 产生的空穴和电子复合，并在每个发光单元中形成激子而辐射发光。因此，当其中的一个发光单元由蓝光荧光发光材料制成，而另一个发光单元则由红/绿光（或黄光）磷光发光材料制成时，荧光/磷光混合型 WOLED 就可以实现了。由于叠层 OLED 具有高效率、好的颜色稳定性和长寿命的优点，已经被证明是 WOLED 商业化应用最好的器件结构，LG 公司的 OLED 照明和电视显示产品就是采用这种叠层结构制造而成的[27]。图 5-1（d）给出了叠层器件结构和激子发光可能的能量传递过程。很显然，在叠层器件中，CGL 起着非常重要的作用，特别是在功率效率方面更为重要。

5.2　AIE 材料及其单色光 OLED

从上述荧光/磷光混合型 WOLED 的结构可以看出，所用蓝光荧光发光材料在激子管理上为实现高效率白光发射起着非常重要的作用。因此，除了高效率和好的传输特性外，也希望所使用的蓝光荧光发光分子是良好的磷光主体材料。2001 年由唐本忠院士课题组首次提出的 AIE 材料[10]，由于其在固体薄膜下高的荧光量子效率的优越特性，而成为有吸引力的选择。如我们所知，AIE 材料的高度扭曲构象和弱的分子间相互作用能够有效地抑制固态薄膜中的激子湮灭。因此，AIE 分子作为高效有机发光材料，在制备高效率、低效率滚降非掺杂 OLED 方面显示出巨大的潜力，在蓝光 AIE 材料中显得尤为突出[11, 12, 28, 29]。

2015年唐本忠院士课题组报道了一种典型的蓝光AIE材料，缩写为BTPE-PI[11]。可以看到，该材料在固体薄膜下的荧光量子效率达到了93.8%，当用它作为发光层制备出ITO/NPB(60 nm)/BTPE-PI(20 nm)/TPBi(40 nm)/LiF(1 nm)/Al(100 nm)结构OLED时，器件发射了很纯的蓝光，峰值波长455 nm，色度坐标为（0.149，0.147），EQE达到了4.4%，并且也显示了低的效率滚降，在1000 cd·m^{-2}亮度下的效率仍保持3.4%，表明AIE材料的确是制备高效率蓝光OLED的有效材料体系。BTPE-PI分子的结构和用它制备的蓝光OLED的器件结构以及该器件的EQE-电流密度特性被分别显示于图5-2（a）和（b）中。

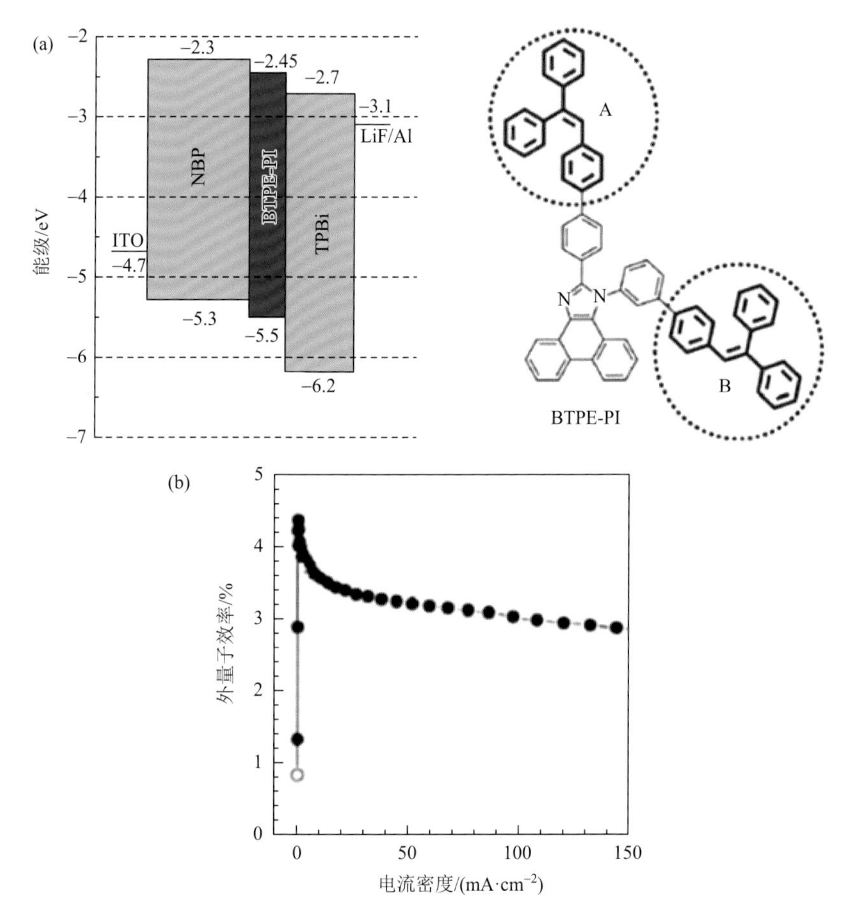

图5-2 （a）BTPE-PI分子结构和用它制备的蓝光OLED的器件结构示意图；（b）用BTPE-PIEQE制备的蓝光OLED的EQE-电流密度特性曲线[11]

赵祖金等合成了TPE-TAC和TPE-TADC两种新的AIE蓝光材料，分子结构如图5-3（a）所示[30]。可以看到，它们在聚集态下都表现出良好的蓝光发射，荧光量子效率分别达到了 76.7%和 72.8%。用它们作发光层，通过优化电子传输层材料，成功地制备了高效率蓝光非掺杂 OLED，器件结构如图 5-3（b）所示。研究发现，电子传输层影响器件的电致发光性能。优化后，如图 5-3（c）和（d）所示，基于 TPE-TAC 的 OLED 在 452 nm 处发射蓝光，色度坐标为(0.159，0.127)，最大 EQE 达到了 5.11%，在 1000 cd·m^{-2}亮度下的 EQE 为 3.89%；基于 TPE-TADC 的 OLED 也显示了蓝光发射，峰值波长 451 nm，色度坐标为（0.165，0.141），最大 EQE 也达到了 5.71%，在 1000 cd·m^{-2}亮度下的 EQE 为 4.41%。它们高的电致发光效率应该归因于良好的 AIE 特性。

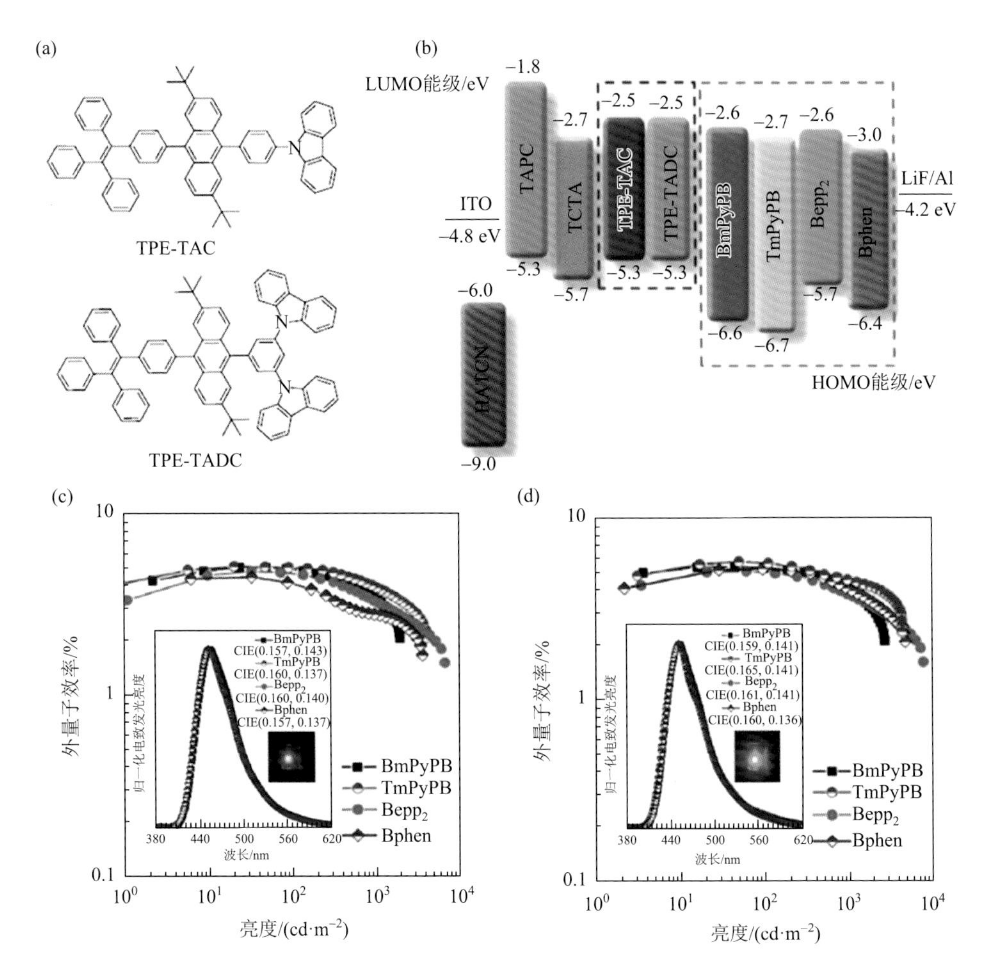

图 5-3 （a）TPE-TAC 和 TPE-TADC 分子的化学结构图；（b）用 TPE-TAC 和 TPE-TADCS 制备的蓝光 OLED 的结构示意图；（c）用 TPE-TAC 制备的蓝光 OLED 的 EQE-亮度特性曲线；（d）用 TPE-TADC 制备的蓝光 OLED 的 EQE-亮度特性曲线，插图为不同电子传输层相应器件的电致发光光谱和蓝光发射图像[30]

基于同样的器件结构，马东阁等用另一个蓝光 AIE 材料 4′, 4″-双(二苯氨基)-5′-[4-(二苯氨基)苯基]-[1, 1′, 3′, 1″-三苯基]-20-碳腈（3TPA-CN）作为发光层制备出了高效率、低效率滚降非掺杂蓝光 OLED，3TPA-CN 的分子结构如图 5-4（a）的插图所示[31]，器件的功率效率（PE）-EQE-亮度特性和在 5 V 电压下的电致发光光谱分别如图 5-4（a）和（b）所示。可以看到，该器件不但显示了高效率和低效率滚降的特性，最大 EQE 达到了 6.3%，在 1000 cd·m^{-2} 亮度下保持 5.7%，也实现了很好的深蓝光发射，光谱峰值波长 457 nm，色度坐标为（0.14，0.11）。这也进一步说明了 3TPA-CN 作为发光材料在制备高性能蓝光荧光 OLED 中的潜在应用价值。

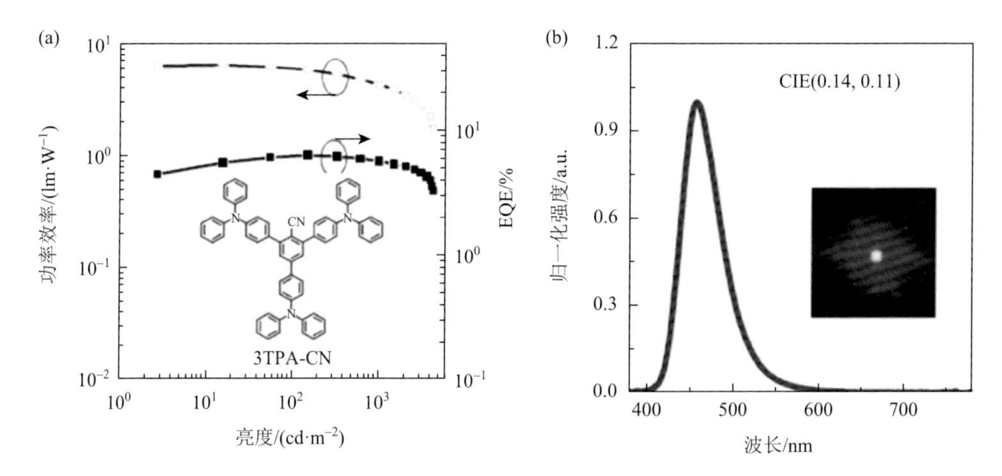

图 5-4 （a）用 3TPA-CN 制备的蓝光 OLED 的 PE-EQE-亮度特性曲线，插图给出了 3TPA-CN 的分子结构；（b）器件在 5 V 电压下的电致发光光谱，插图显示了器件的发射图像[31]

最近，基于另外一个 AIE 材料 4′-[4-(二苯氨基)苯基]-5′-苯基-[1, 1′: 2′, 1″-三苯基]-4-碳腈（TPB-AC）作为发光层，通过优化电子传输层材料，蓝光 OLED 的最大 EQE 已经提高到了 7.0%，在 1000 cd·m^{-2} 亮度下效率仍可以达到 6.3%，优化的器件结构为 ITO/HAT-CN(5 nm)/TAPC(50 nm)/TCTA(5 nm)/TPB-AC(20 nm)/BmPyPB(40 nm)/LiF(1 nm)/Al(120 nm)[32]。可以看到，该器件发射了深蓝光，光谱峰值波长 448 nm，色度坐标为（0.15，0.08），这应该是目前报道的深蓝光荧光 OLED 的最好结果。TPB-AC 的分子结构、器件的电致发光光谱和 PE-EQE-亮度特性以及 TPB-AC 薄膜的分子取向偶极特性分别如图 5-5（a）和（b）所示。如我们所见，该蓝光器件的 EQE 超过了荧光发光极限效率 5%，这一方面是由于 TPB-AC 薄膜具有的 98.6%的极高的荧光发光量子效率，更重要的是，它还获得了 79%的高水平偶极比，这将大大有助于提高光输出的耦合效率，从而提高了器件效率。

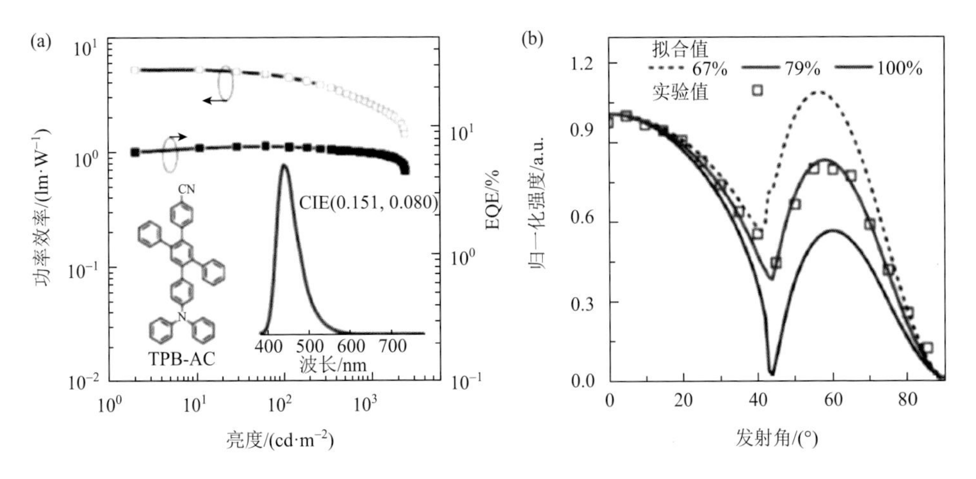

图 5-5 （a）用 TPB-AC 制备的蓝光 OLED 的 PE-EQE-亮度特性曲线，插图给出了 TPB-AC 的分子结构和器件在 1000 $cd \cdot m^{-2}$ 亮度下的电致发光光谱；（b）TPB-AC 薄膜在光致发光峰值波长处测得的 p 偏振 PL 强度与发射角的函数关系[32]

为了进一步阐明 TPB-AC 基蓝光 OLED 在电致发光效率上的改善机理，马东阁等研究了该器件的磁电致发光（MEL）响应特性，并发现了一个低磁场上升和高磁场下降的特殊线形 MEL 曲线[33]，如图 5-6（a）所示的蓝光器件在不同电流密度下的 MEL 强度随磁场的变化特性曲线。这预示着 TPB-AC 的电致发光过程中单线态激子和三线态激子之间的转换数量发生了改变，从而影响了器件的效率。实验研究发现，TPB-AC 的电致发光不包括 TTA 过程，这也表明在高磁场下 MEL 的降低可能是由其他机制引起的，并与器件的高效率有关。为此他们对 TPB-AC 分子的单线态和三线态能级进行了计算，如图 5-6（b）所示。和传统的荧光分子类似，TPB-AC 的 S_1 和 T_1 之间的能隙足够大（0.37 eV），抑制了从 T_1 到 S_1 的反向系间穿越（RISC）过程，使 T_1 激子对效率的贡献可以忽略。然而，从图 5-6（b）可以看到这种材料在 S_1 和 T_2 之间存在一个接近于零的能隙，预示着存在 $T_2 \rightarrow S_1$ 跃迁过程，导致了额外激子的利用，这可能是 TPB-AC 基蓝光 OLED 效率超过理论极限的根本原因。根据图 5-6（b）中的计算结果可以看出，TPB-AC 分子中 T_2 和 S_1 之间的小能隙提供了额外的转换过程，导致 T_2 上更多激子用于发光。通常，传统荧光材料的 MEL 响应呈现的是单调的正洛伦兹线形，这自然可以推断出 TPB-AC 分子在高磁场下 MLE 降低的部分是由 $T_2 \rightarrow S_1$ 转换引起的。

可以看到，蓝光 AIE 材料通常同时具有在固体薄膜下高荧光发光效率、高 T_1 能级和良好的电传输特性，这也意味着蓝光 AIE 材料也应该是良好的磷光主体材料。用 AIE 分子同时作为发光和磷光主体材料来制备荧光/磷光混合型 WOLED 的最大好处在于可以大大简化器件结构及其制备工艺。最近的一些实验已经显示出，蓝光 AIE 材料的确是很好的磷光主体材料。以 TPB-AC 为例，马东阁等用它作为主体材料，制备了绿/橙/红光磷光 OLED，采用的器件结构为 ITO/HAT-CN(5 nm)/TAPC(50 nm)/TCTA(5 nm)/TPB-AC：掺杂剂(20 nm)/BmPyPB(40 nm)/LiF(1 nm)/Al(120 nm)[32]，所有器件都表现了非常高的效率。对于绿光器件 G1，用 5%$Ir(ppy)_2(acac)$掺杂 TPB-AC 作为发光层，器件的 $\eta_{C, max}$、$\eta_{P, max}$ 和 EQE 分别达到了 76.1 $cd \cdot A^{-1}$、92.0 $lm \cdot W^{-1}$ 和 21.0%。可以看到，该器件也表现了低的效率滚降特性，在 1000 $cd \cdot m^{-2}$ 亮度下的 EQE 只下降了 7.1%。对于橙光器件 O1，发光层是用 3%$Ir(tptpy)_2(acac)$掺杂 TPB-AC 而成，印象深刻的是，该器件 $\eta_{C, max}$、$\eta_{P, max}$ 和 EQE 达到了 86.7 $cd \cdot A^{-1}$、104.7 $lm \cdot W^{-1}$ 和 27.3%，L_{max} 超过了 110000 $cd \cdot m^{-2}$，在 1000 $cd \cdot m^{-2}$ 亮度下的效率滚降只有 5.1%。对于红光器件 R1，发光层采用的是 3 wt% $Ir(dmdpprdmp)_2(divm)$掺杂 TPB-AC。可以看到，器件发射出很好的红光，色度坐标为（0.66，0.34），$\eta_{C, max}$、$\eta_{P, max}$ 和 EQE 分别达到 30.5 $cd \cdot A^{-1}$、36.8 $lm \cdot W^{-1}$ 和 26.1%，在 1000 $cd \cdot m^2$ 亮度下 EQE 滚降低至 7.7%，所有这些结构都充分展示了 TPB-AC 作为主体用来制备高效率磷光 OLED 的优越性能。用 TPB-AC 作为磷光主体制备的磷光器件 G1、O1 和 R1 的电致发光光谱和 PE-EQE-亮度特性分别如图 5-7（a）和（b）所示，表 5-1 总结了这些器件详细的电致发光性能。可以看到，用 TPB-AC 作为磷光主体材料制备磷光 OLED，不仅降低了工作电压，提高了效率，而且大大改善了器件在高亮度下的效率滚降，这对制备高性能荧光/磷光混合型 WOLED 具有重要意义。

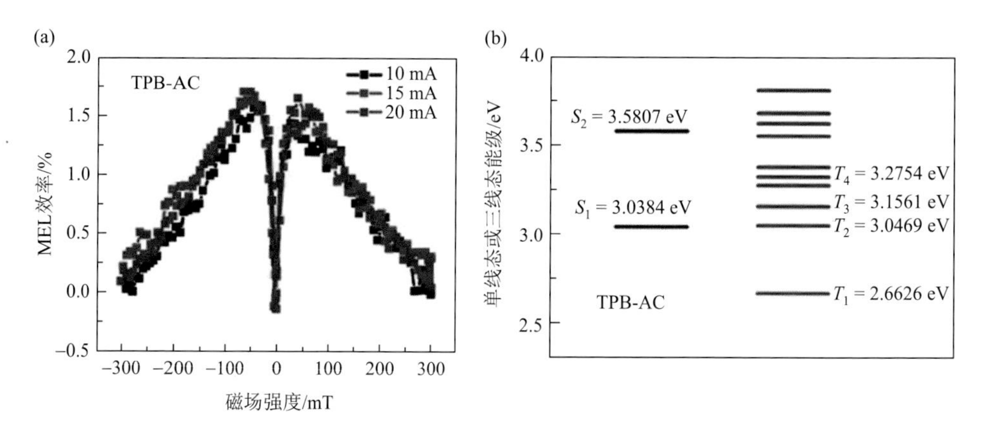

图 5-6 （a）TPB-AC 基蓝光 OLED 在不同电流下的 MEL 响应特性曲线；（b）基于 TDDFT 计算的 TPB-AC 分子的单线态和三线态能级图[33]

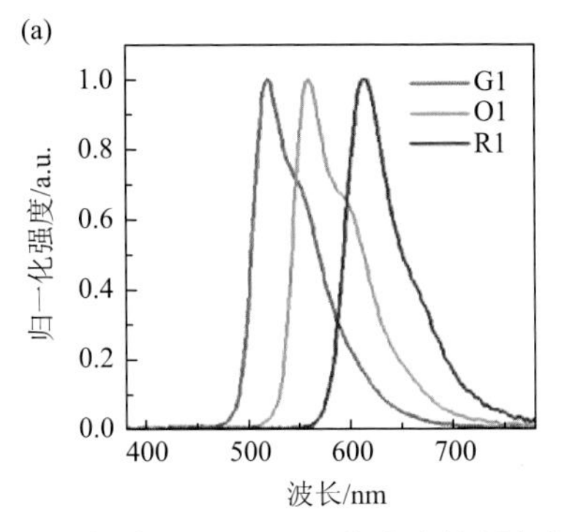

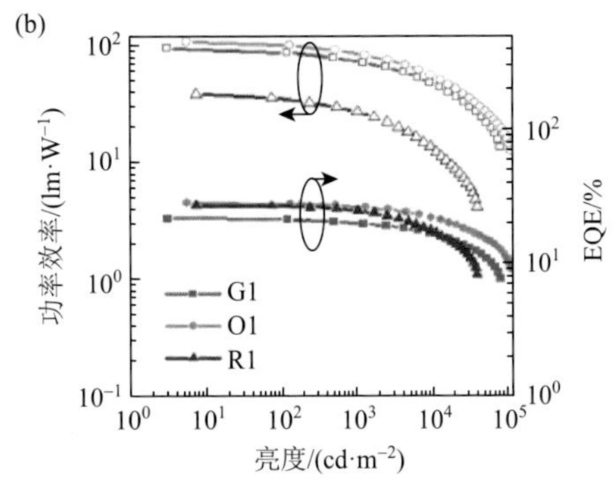

图 5-7 （a）用 TPB-AC 作为主体制备的绿、橙、红光磷光 OLED 的电致发光光谱图；（b）用 TPB-AC 作为主体制备的绿、橙、红光磷光 OLED 的 PE-EQE-亮度特性曲线[32]

表 5-1 用 TPB-AC 作为主体制备的绿、橙、红光磷光 OLED 的详细电致发光性能总结[32]

器件	V_{on}/V	L_{max}/（$cd·m^{-2}$）	η_C^a/（$cd·A^{-1}$）	η_P^a/（$lm·W^{-1}$）	η_{ext}^a/%	λ_{max}^b/nm	CIE^b（x，y）
G1	2.6	81953	76.1/70.8	92.0/71.1	21.0/19.5	520	（0.326，0.627）
O1	2.6	110908	86.7/82.2	104.7/83.0	27.3/25.9	560	（0.486，0.508）
R1	2.6	40533	30.5/28.1	36.8/26.2	26.1/24.1	614	（0.662，0.336）

a. 最大值以及在 1000 $cd·m^{-2}$ 亮度下的测量值；
b. 在 1000 $cd·m^{-2}$ 亮度下测量的数值。

5.3 AIE 材料及其荧光/磷光混合型 WOLED

基于 AIE 材料作为蓝光发光和磷光主体的优越电致发光性能，高效率 WOLED 也已被制备出来，并取得了显著进展[30-33, 34-38]。2016 年，刘佰川等用一种蓝光 AIE 材料 9, 10-双[4-(1, 2, 2-三苯基乙烯基)苯基]蒽（BTPEAn）[图 5-8（a）] 作为荧光发光层，一种黄光磷光（2-苯基-4, 5-二甲基吡啶基）[2-(联苯-3-基)吡啶基]铱(III)[$Ir(dmppy)_2(dpp)$]掺杂 NPB：$Bepp_2$ 双极主体作为磷光发光层，成功地制备出两色荧光/磷光混合型 WOLED[34]，器件采用了带有间隔层的多层结构，优化的器件结构为 ITO/HAT-CN(100 nm)/TAPC(15 nm)/NPB(5 nm)/NPB：$Bepp_2$：$Ir(dmppy)_2(dpp)$(25 nm，0.6：0.4：0.1)/TAPC：TmPyPB(4 nm)/BTPEAn(10 nm)/$Bepp_2$(40 nm)/LiF(1 nm)/Al(200 nm)。图 5-8 给出了蓝光 BTPEAn 的分子结构和器件在不同 TAPC：TmPyPB 厚度比下的电致发光特性。可以看到，所有器件在整个亮度范围内都发射出了光谱稳定的白光，并且其相关色温（correlated color temperature，CCT）可以根据 TAPC：TmPyPB 厚度比进行很好的调节。当 TAPC：TmPyPB 的厚度比为 1：0 时，正如图 5-8（b）所示，获得了一个纯白光发射的荧光/磷光混合型 WOLED（器件 W21），其 $\eta_{C,max}$、$\eta_{P,max}$ 分别达到了 19.0 $cd·A^{-1}$

和 18.8 lm·W^{-1}，对应的总 η_P 为 32.0 lm·W^{-1}，在 100 cd·m^{-2} 和 1000 cd·m^{-2} 亮度下对应的 η_P 分别为 29.6 lm·W^{-1} 和 19.4 lm·W^{-1}，这种纯白光发射的取得在显示方面是非常有用的。如图 5-8（c）所示，当 TAPC∶TmPyPB 的厚度比变成 0.8∶0.2 时，器件（器件 W22）的蓝光发射强度降低，结果产生了暖白光发射，该器件的 $\eta_{C,\max}$ 和 $\eta_{P,\max}$ 分别达到了 24.8 cd·A^{-1} 和 22.9 lm·W^{-1}，对应的总 η_P 为 38.9 lm·W^{-1}。能够看到，器件 W22 显示了很低的效率滚降，在 100 cd·m^{-2} 和 1000 cd·m^{-2} 亮度下的 η_P 分别达到了 38.6 lm·W^{-1} 和 30.4 lm·W^{-1}。进一步地，当 TAPC∶TmPyPB 的厚度比为 0.5∶0.5 时，如图 5-8（d）所示，取得了更暖色的荧光/磷光混合型 WOLED（器件 W23），器件的 $\eta_{C,\max}$ 和 $\eta_{P,\max}$ 分别为 64.6 cd·A^{-1} 和 75.3 lm·W^{-1}。重要的是，在 10000 cd·m^{-2} 亮度下的 η_C 和 η_P 仍高达 41.3 cd·A^{-1} 和 25.5 lm·W^{-1}，对应的总 η_C 和 η_P 分别为 70.2 cd·A^{-1} 和 43.4 lm·W^{-1}。这是一个前所未有的结果，因为到目前为止还没有一个荧光/磷光混合型 WOLED 能够在如此高的亮度下表现出如此高的效率，这无疑为实现高效率 WOLED 提供了新的可能性。

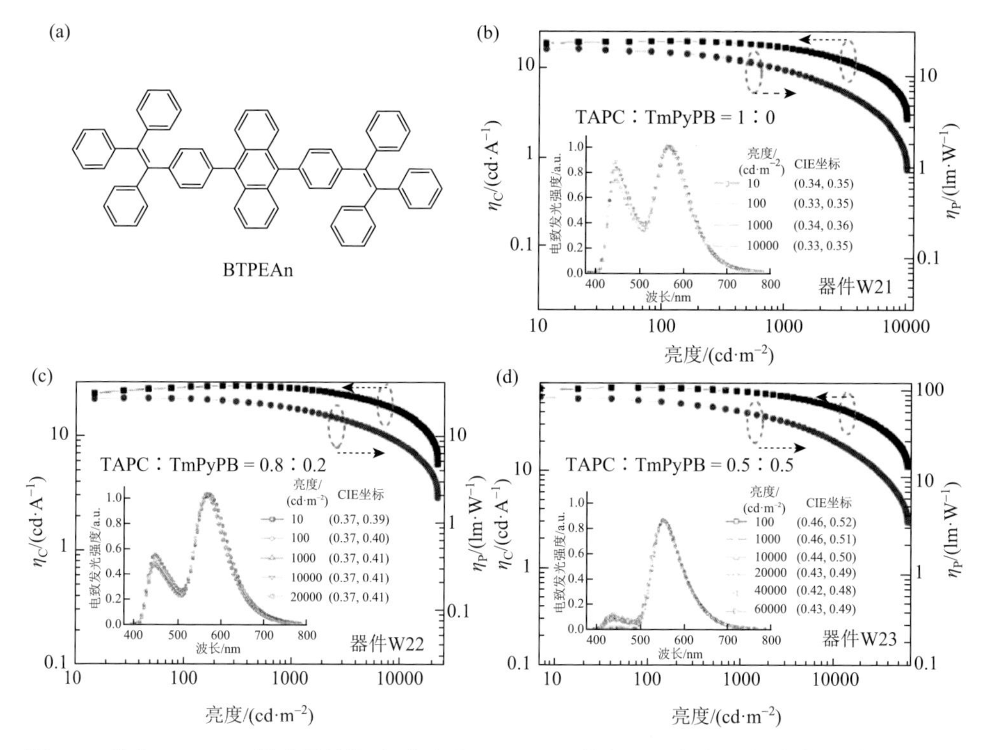

图 5-8 蓝光 BTPEAn 的分子结构（a）和用 BTPEAn 蓝光 AIE 材料制备的荧光/磷光混合型 WOLED 在不同 TAPC∶TmPyPB 比例下电致发光效率特性曲线以及在不同亮度下的电致发光光谱图[（b）TAPC∶TmPyPB 厚度比为 1∶0，（c）TAPC∶TmPyPB 厚度比为 0.8∶0.2，（d）TAPC∶TmPyPB 厚度比为 0.5∶0.5[34]

之后，他们用同样的 AIE 发光材料 BTPEAn 为蓝光发光层，通过简单地在 TAPC 或 TmPyPB 层中掺入 0.9 nm 的 Ir(dmppy)$_2$(dpp)和 0.3 nm 的 Ir(piq)$_3$ 超薄磷光层，成功地制备出高效率两色和三色荧光/磷光混合型 WOLED[35]，器件的结构和所用发光材料的分子结构如图 5-9 所示。正如图 5-10（a）所示，如此制备的两色 WOLED，其白光光谱随蓝光 AIE 发光层厚度（0.4 nm、1 nm、5 nm、10 nm 和 15 nm）发生了改变，从纯白光到冷白光。更为显著地，它们的显色指数（color rendering index，CRI）分别达到了 85、84、83、82 和 82，这对两色光 WOLED 来说是非常不容易取得的。这些器件也发射了高的效率，η_C 和 η_P 分别达到了 9.3 cd·A^{-1}、10.0 cd·A^{-1}、15.0 cd·A^{-1}、18.1 cd·A^{-1}、18.4 cd·A^{-1} 和 10.5 lm·W^{-1}、11.2 lm·W^{-1}、16.8 lm·W^{-1}、20.3 lm·W^{-1}、20.6 lm·W^{-1}，对应的总 η_P 分别为 17.9 lm·W^{-1}、19.0 lm·W^{-1}、28.6 lm·W^{-1}、34.5 lm·W^{-1}、35.0 lm·W^{-1}。能够看到，无论薄的还是厚的 BTPEAn 层都能获得好的荧光/磷光混合型 WOLED，这应该归于 AIE 材料 BTPEAn 好的特性和有效的器件结构。进一步地，CRI 在三色荧光/磷光混合型 WOLED 得到了大大提高，并且其大小依赖于超薄红光和黄光磷光层是在 TAPC 还是在 TmPyPB 层内以及蓝光 AIE 材料 BTPEAn 的位置。如图 5-9 所知，在器件中从阴极到阳极按红光、黄光和蓝光的顺序可以将 CRI 提高到 90.3～92.8，并且最大的 η_P 可以达到 14.2 lm·W^{-1}，这应该是荧光/磷光混合型 WOLED 综合性能比较好的结果。图 5-10（b）给出了制备的三色荧光/磷光混合型 WOLED 的 CE-PE-电流密度特性曲线和在不同亮度下的电致发光光谱图。

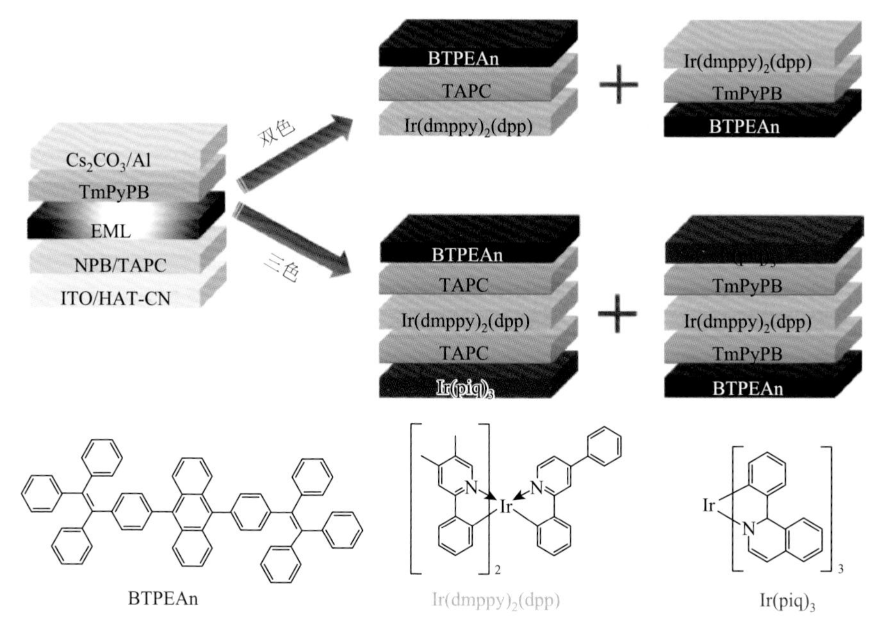

图 5-9　用 BTPEAn 蓝光 AIE 材料制备的两色和三色荧光/磷光混合型 WOLED 的结构示意图和所用蓝光、黄光和红光发光材料的分子结构图[35]

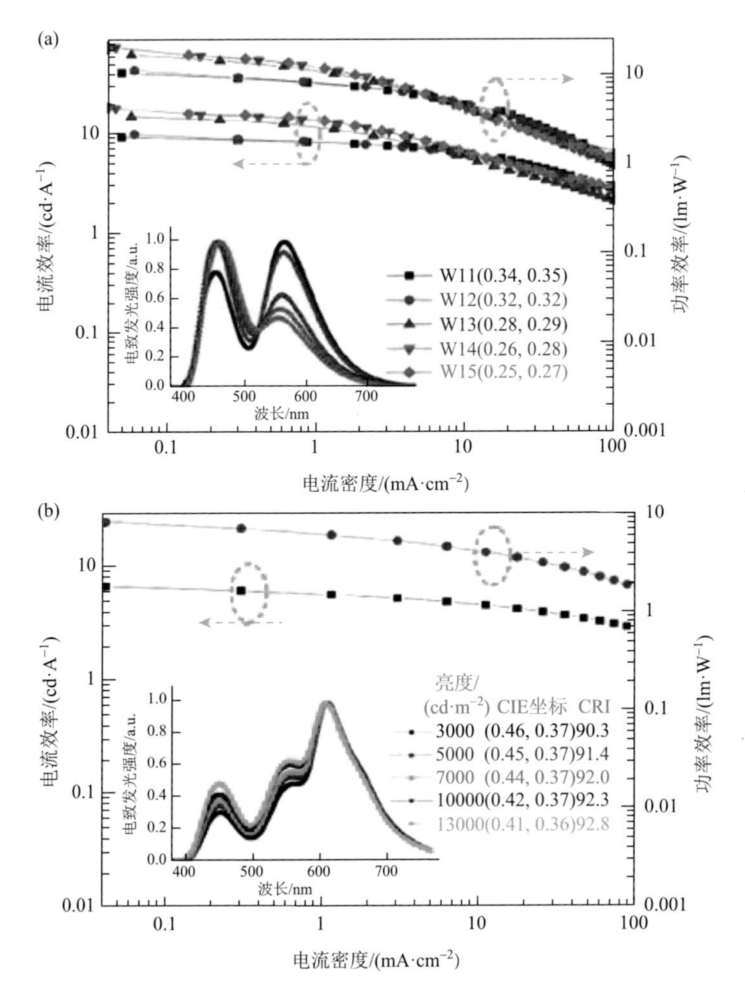

图 5-10 （a）用 BTPEAn 蓝光 AIE 材料制备的两色荧光/磷光混合型 WOLED 在不同蓝光 BTPEAn 层厚度下的 CE-PE-电流密度特性曲线及其在 1000 cd·m^{-2} 亮度下的归一化电致发光光谱图；（b）用 BTPEAn 蓝光 AIE 材料制备的三色荧光/磷光混合型 WOLED 的 CE-PE-电流密度特性曲线及其在不同亮度下的归一化电致发光光谱图[35]

他们还用一种有效的双极性 AIE 蓝光材料 TPE-TAPBI 作为蓝光荧光发光层，设计制备出了带有间隔层的多层结构高效率两色荧光/磷光混合型 WOLED[36]，其中间隔层采用 TAPC：$Bepp_2$ 混合材料，黄光层是一种高效率黄光磷光发光分子 $Ir(dmppy)_2(dpp)$掺杂 NPB：$Pepp_2$ 混合主体而成，器件结构和 TPE-TAPBI 与 $Ir(dmppy)_2(dpp)$的分子结构如图 5-11（a）所示，器件的 EQE-PE-亮度特性和在不同亮度下的 EL 光谱特性如图 5-11（b）所示。可以看到，通过优化间隔层的混合比例，该器件实现了光谱稳定的两色白光发射，色度坐标为

(0.457，0.470)，该器件也显示了高的效率特性，在 1000 $cd \cdot m^{-2}$ 亮度下 η_C、η_P 和 EQE 分别达到 76.0 $cd \cdot A^{-1}$、70.5 $lm \cdot W^{-1}$ 和 28%，达到了荧光灯的效率。

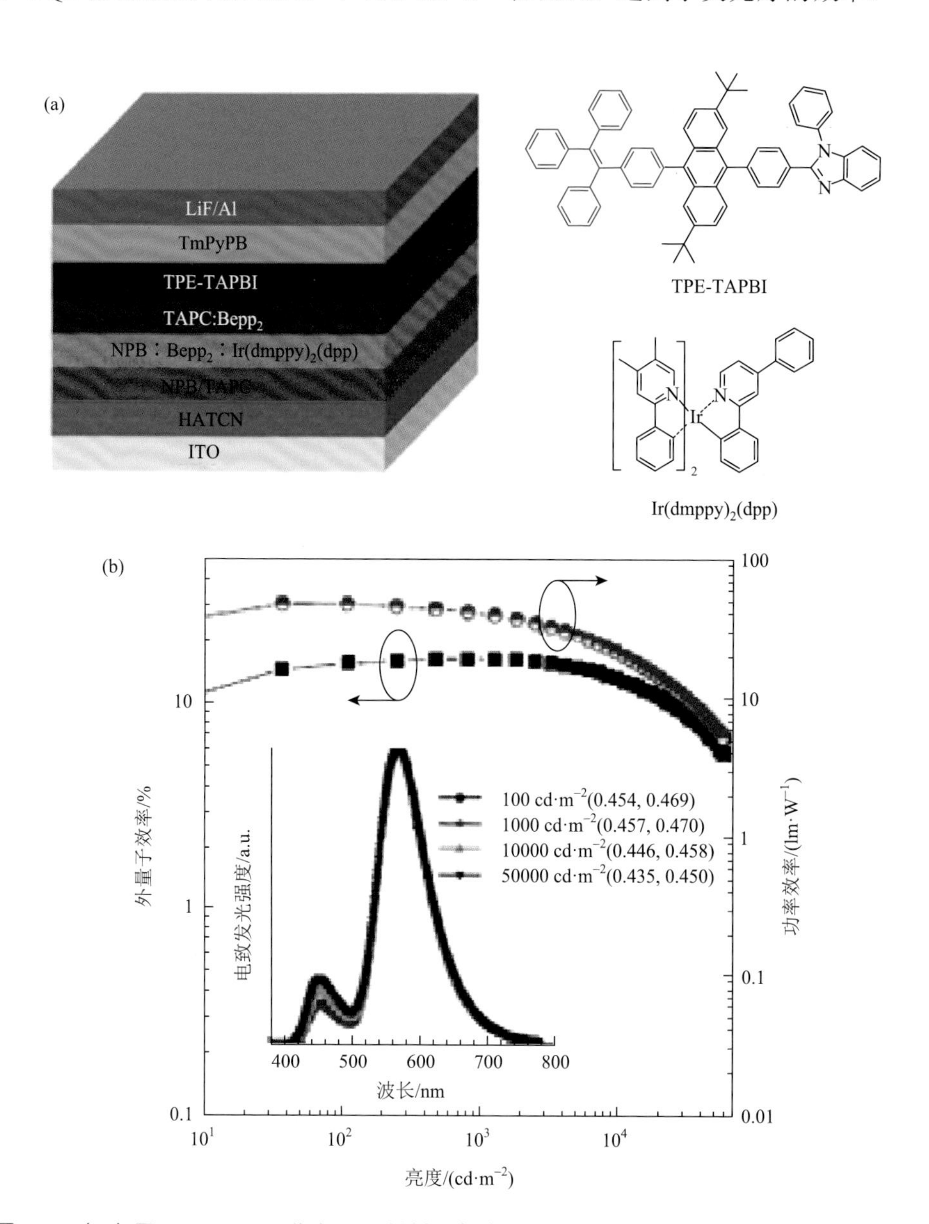

图 5-11 （a）用 TPE-TAPBI 蓝光 AIE 材料制备的两色荧光/磷光混合型 WOLED 的器件结构示意图和两个发光材料 TPE-TAPBI 与 $Ir(dmppy)_2(dpp)$的分子结构；（b）EQE-功率效率-亮度特性曲线[36]

赵祖金等基于蓝光 AIE 材料 TPE-TADC 作为荧光发光层，并采用带有间隔层的多层器件结构，也成功制备出了高效率两色荧光/磷光混合型 WOLED[30]，器件结构和所用发光材料的分子结构如图 5-12 所示。从图 5-13 所示的电致发光光谱可以看到，通过改变蓝光荧光层和红光磷光层之间的间隔层，制备的 WOLED 发光颜色从纯白光[CIE 坐标：（0.33，0.33）]到暖白光[CIE 坐标：（0.44，0.46）]得到了很好的调节，器件性能达到了 56.7 $cd \cdot A^{-1}$（$\eta_{C,max}$）、55.2 $lm \cdot W^{-1}$（$\eta_{P,max}$）和 19.2%（EQE）。更为重要的是，该器件显示了极好的光谱稳定性，即使在很高的亮度下，光谱仍然很稳定，表明了蓝光 AIE 材料在 OLED 显示和照明领域的巨大应用潜力。表 5-2 总结了这里所制备的两色荧光/磷光混合型 WOLED 的电致发光性能。

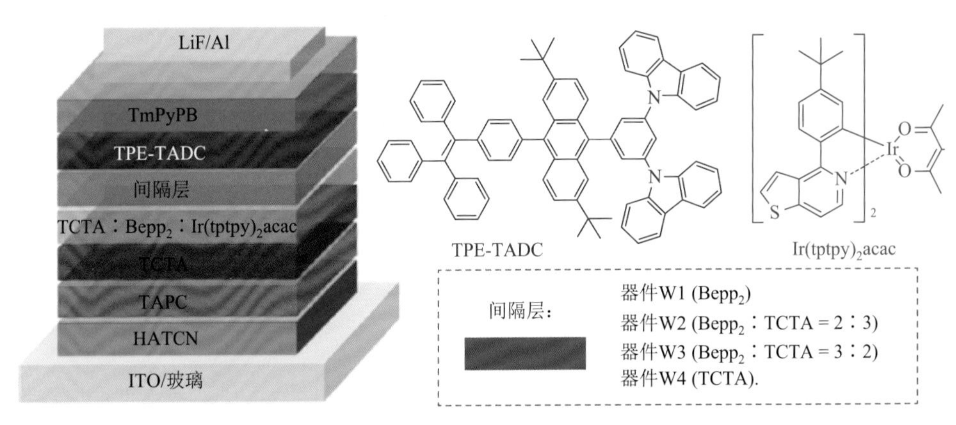

图 5-12 用 TPE-TADC 蓝光 AIE 材料制备的两色荧光/磷光混合型 WOLED 的器件结构示意图和两个发光材料的分子结构以及间隔层组成情况[30]

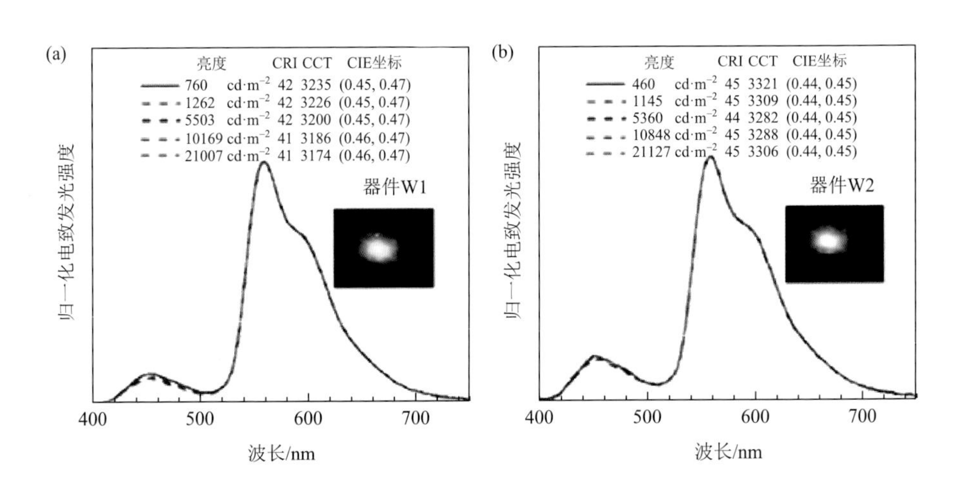

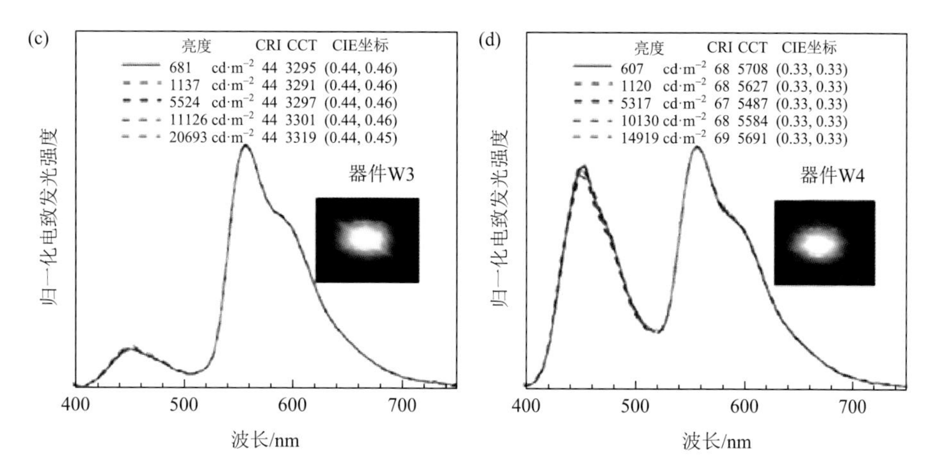

图 5-13　用 TPE-TADC 蓝光 AIE 材料制备的两色荧光/磷光混合型 WOLED（器件 W1、W2、W3 和 W4）在不同亮度下的电致发光光谱图及其相应性能参数，插图分别给出了器件的发射图像[30]

表 5-2　用 TPE-TADC 蓝光 AIE 材料制备的两色荧光/磷光混合型 WOLED 的电致发光性能总结[30]

器件	V_{on}/V	L_{max}/(cd·m^{-2})	$\eta_C{}^a$/(cd·A^{-1})	$\eta_P{}^a$/(lm·W^{-1})	$\eta_{ext}{}^a$/%	CCT^b/K	CIE^b（x，y）
W1	2.8	57489	49.2/49.1/48.0	46.8/41.7/31.0	16.3/16.3/15.9	3226	（0.45，0.47）
W2	2.8	54829	53.5/53.4/51.3	49.9/42.8/28.3	18.4/18.4/17.6	3309	（0.44，0.45）
W3	2.8	49002	56.7/56.5/52.5	55.2/47.5/32.7	19.2/19.1/17.8	3291	（0.44，0.46）
W4	3.0	17064	24.2/23.9/21.7	21.3/16.1/9.6	10.3/10.2/9.2	5627	（0.33，0.33）

a. 最大值，以及在 1000 cd·m^{-2} 和 5000 cd·m^{-2} 亮度下测量的值；

b. 在 1000 cd·m^{-2} 亮度下测量的值。

马东阁等用另一个 AIE 材料 3TPA-CN 作为蓝光荧光发光层，Ir(tptpy)$_2$acac 掺杂 3TPA-CN 作为黄光磷光发光层，成功地制备出无间隔层多层结构的高效率两色荧光/磷光混合型 WOLED（器件 W1 和 W2）[31]，器件结构和所用的两个发光材料的分子结构如图 5-14 所示。可以看到，虽然蓝光和黄光层的相对位置对器件的电特性影响不大，但对器件效率和光谱稳定性仍有很大影响。如图 5-15 所示，通过构建 3TPA-CN 层邻近 TCTA 和 3wt%浓度 Ir(tptpy)$_2$acac 掺杂 3TPA-CN 层邻近 TmPyPB 的器件 W1 显示了较高的效率，$\eta_{C,\max}$、$\eta_{P,\max}$ 和 EQE 分别为 72.0 cd·A^{-1}、86.7 lm·W^{-1} 和 22.3%，虽然在高亮度下的效率滚降相对也比较低，在 1000 cd·m^{-2} 亮度下的 η_C、η_P 和 EQE 分别保持 61.6 cd·A^{-1}、59.2 lm·W^{-1} 和 19.6%，但和 3 wt%浓度 Ir(tptpy)$_2$acac 掺杂 3TPA-CN 层邻近 TCTA 和 3TPA-CN 层邻近 TmPyPB 结构的器件 W2 相比还是严重了一些，特别是在较高亮度下更为明显，如图 5-15（b）

所示。器件 W2 的 $\eta_{C,max}$、$\eta_{P,max}$ 和 EQE 分别为 51.8 cd·A^{-1}、56.6 lm·W^{-1} 和 17.2%，在 1000 cd·m^{-2} 亮度下的 η_C、η_P 和 EQE 可以保持 51.0 cd·A^{-1}、44.5 lm·W^{-1} 和 16.8%。可以看到，器件 W2 也显示出稳定的光谱特性，当亮度从 513 cd·m^{-2} 升高到 4982 cd·m^{-2} 时，其色度坐标从（0.43，0.46）轻微变为（0.42，0.45），而器件 W1 则表现出可变的光谱特性，其色度坐标从 719 cd·m^{-2} 的（0.45，0.49）变成 5274 cd·m^{-2} 的（0.41，0.44），如图 5-15（c）和（d）所示。很显然，器件 W1 和器件 W2 的激子复合区是不同的，这也是这里制备的荧光/磷光混合型 WOLED 结构设计的关键。

如上所述，TPB-AC 是一种高效的蓝色发光材料，也是一种很好的磷光主体材料。基于这个材料，马东阁等采用 TPB-AC 作为蓝光荧光发光层，红、橙、绿磷光掺杂 TPB-AC 主体作为长波长磷光发光层，利用无间隔层的多层器件结构设计，成功地制备出了高效率两色和四色荧光/磷光混合型 WOLED[32]，该器件结构和所用的发光材料的分子结构如图 5-16 所示。

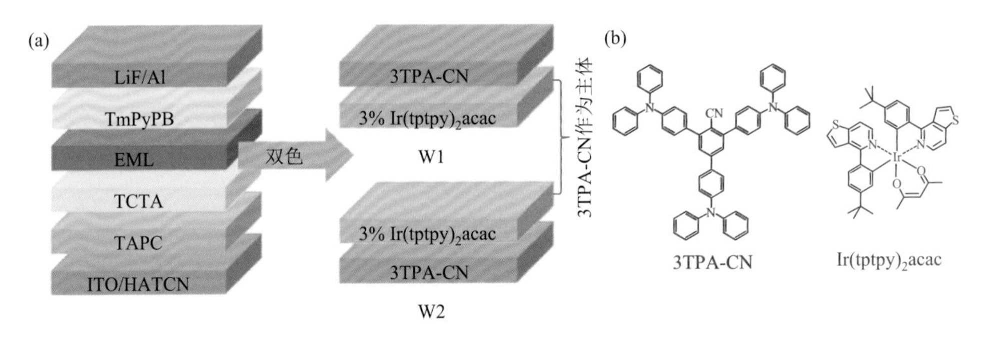

图 5-14 （a）用 3TPA-CN 蓝光 AIE 材料制备的两色荧光/磷光混合型 WOLED 的器件结构示意图；（b）所用的两个发光材料的分子结构图[31]

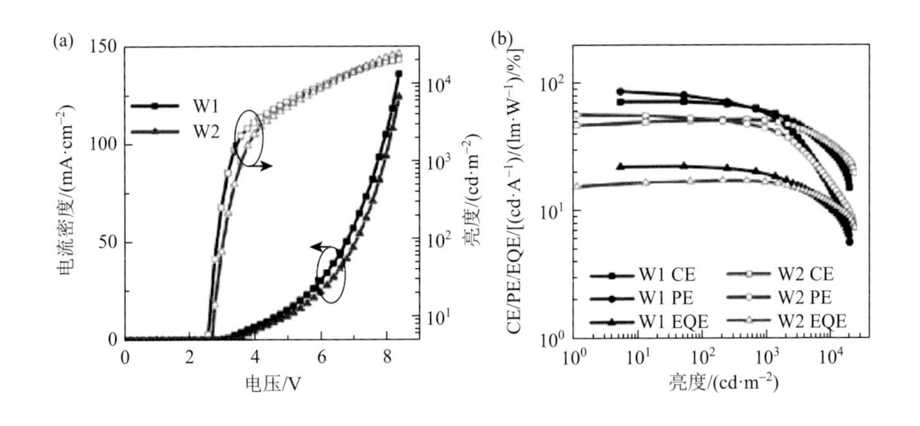

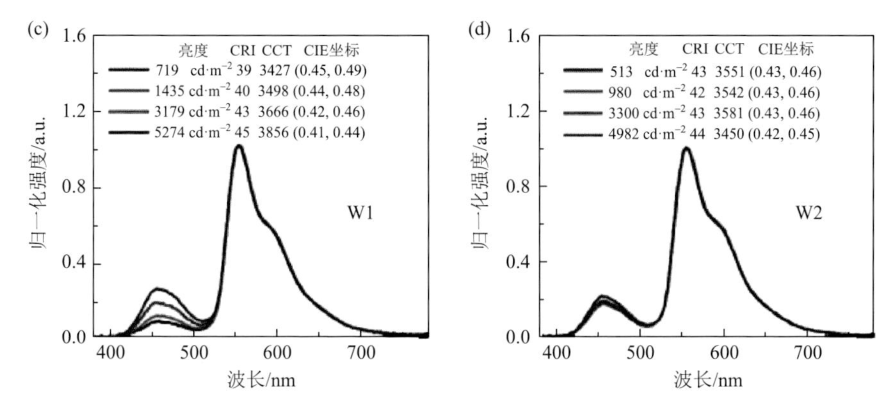

图 5-15　用 3TPA-CN 蓝光 AIE 材料制备的两色荧光/磷光混合型 WOLED（器件 W1 和 W2）的：（a）电流密度-亮度-电压特性曲线；（b）CE-PE-EQE-亮度特性曲线；（c）器件 W1 在不同亮度下的归一化电致发光光谱图；（d）器件 W2 在不同亮度下的归一化电致发光光谱图[31]

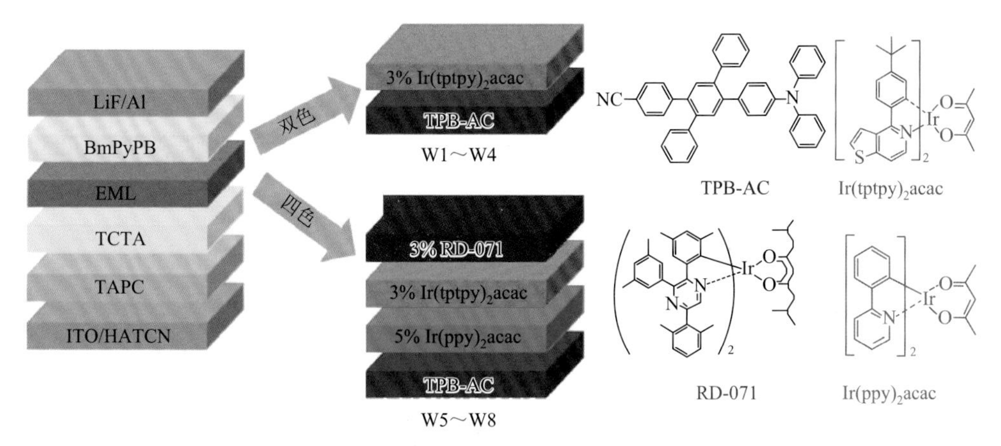

图 5-16　用 TPB-AC 蓝光 AIE 材料制备的两色和四色荧光/磷光混合型 WOLED 的器件结构示意图以及 TPB-AC、$Ir(ppy)_2acac$、$Ir(tptpy)_2acac$ 和 RD-071 发光材料的分子结构图[32]

对于两色白光器件（器件 W1、W2、W3 和 W4），如图 5-17 和图 5-18 所示，器件的效率和发光颜色明显依赖于蓝光荧光层和黄光磷光层的厚度。器件 W1 显示了最高的效率，$\eta_{C,\max}$、$\eta_{P,\max}$ 和 EQE 分别达到了 83.5 $cd\cdot A^{-1}$、99.9 $lm\cdot W^{-1}$ 和 25.6%，也表现了低的效率滚降特性，在 1000 $cd\cdot m^{-2}$ 亮度下 η_P 和 EQE 还分别维持 72.1 $lm\cdot W^{-1}$ 和 22.1%，并且器件 W1 发射了光谱相对稳定的暖白光，在整个亮度范围内的色度坐标仅从（0.43，0.44）变化到（0.41，0.42）。进一步地，器件的蓝光发射强度随着蓝光层厚度的增加和黄光层厚度的减小而提高，可以看到，器件 W4 发射了纯白光，色度坐标为（0.34，0.33），接近白光等能点（0.33，0.33），并且器件 W4 也取得了 47.0 $lm\cdot W^{-1}$ 和 15.4%的高效率，光谱也相当稳定。用 TPB-AC 蓝光 AIE 材料制备的两色荧光/磷光混合型 WOLED 的电致发光性能总结在表 5-3 中。

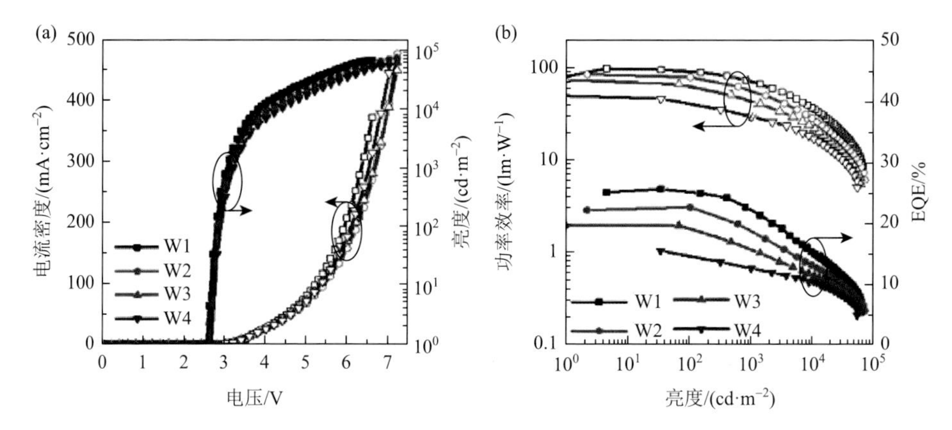

图 5-17　用 TPB-AC 蓝光 AIE 材料制备的两色荧光/磷光混合型 WOLED 的：（a）电流密度-亮度-电压特性曲线；（b）功率效率-EQE-亮度特性曲线[32]

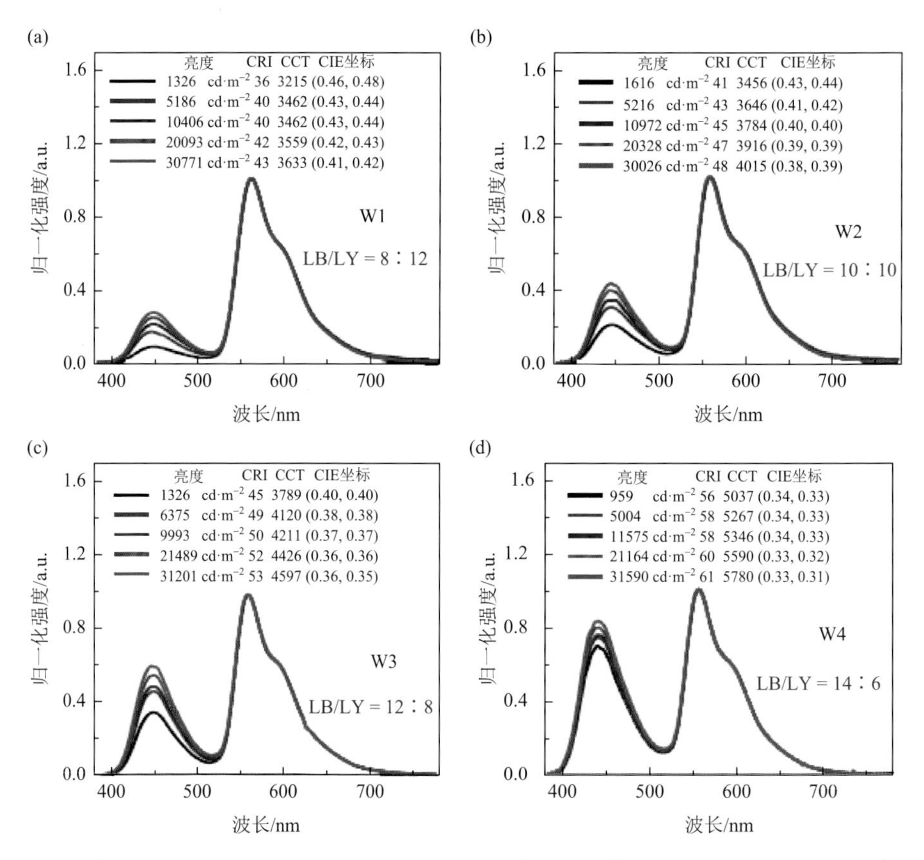

图 5-18　用 TPB-AC 蓝光 AIE 材料制备的对于不同蓝光层和黄光层厚度比的两色荧光/磷光混合型 WOLED 在不同亮度下的归一化电致发光光谱图[32]

表 5-3　用 TPB-AC 蓝光 AIE 材料制备的两色和四色荧光/磷光混合型 WOLED 的电致发光性能总结[32]

器件	V_{on}/V	L_{max}/（cd·m^{-2}）	$\eta_C{}^a$/(cd·A^{-1})	$\eta_P{}^a$/（lm·W^{-1}）	$\eta_{ext}{}^a$/%	CRI^b	CCT^b	CIE(x，y)^b
W1	2.6	61730	83.5/69.8	99.9/72.1	25.6/22.1	40	3462	（0.46，0.48）
W2	2.6	67125	71.7/57.0	86.3/58.3	22.6/18.8	45	3456	（0.43，0.44）
W3	2.6	56665	62.1/44.4	75.0/44.8	19.6/15.7	50	3789	（0.40，0.40）
W4	2.6	50554	41.9/30.6	47.0/29.9	15.4/12.5	58	5346	（0.34，0.33）
W5	2.6	28524	54.4/46.3	61.0/40.1	23.2/19.8	93	2977	（0.46，0.44）
W6	2.6	32641	54.8/48.7	60.7/43.5	25.3/21.3	92	2727	（0.48，0.45）
W7	2.6	37620	51.8/46.7	56.2/40.9	24.7/20.8	93	2703	（0.48，0.45）
W8	2.6	46493	48.9/45.4	52.2/40.2	24.5/20.7	93	2575	（0.49，0.45）

a. 最大值，以及在 1000 cd·m^{-2} 亮度下测量的值；

b. 在 1000 cd·m^{-2} 亮度下测量的值。

对于四色白光器件（器件 W5、W6、W7 和 W8），如图 5-19 和图 5-20 所示，所有器件都发射了高质量白光，显色指数 CRI 都超过了 90，且取得了高效率。可以看到，器件性能受到红光层一定的影响，经优化可以轻微改变器件的发光颜色。相比之下，器件 W6 显示了最好的电致发光性能，显色指数 CRI 在 4000 cd·m^{-2} 亮度下高达 92，最大 $\eta_{C,max}$、$\eta_{P,max}$ 和 EQE 分别达到了 54.8 cd·A^{-1}、60.7 lm·W^{-1} 和 25.3%，在 1000 cd·m^{-2} 亮度下还可以维持 48.7 cd·A^{-1}、43.5 lm·W^{-1} 和 21.3%，显示了低的效率滚降特性，四色荧光/磷光混合型 WOLED 的电致发光性能也总结在表 5-3 中。很显然，这里报道的荧光/磷光混合型 WOLED 从综合性能指标来说应该是目前最好的结果，也表明 AIE 材料应该是制备高性能荧光/磷光混合型 WOLED 的最有希望的材料体系，在未来的应用中可以大大降低成本。

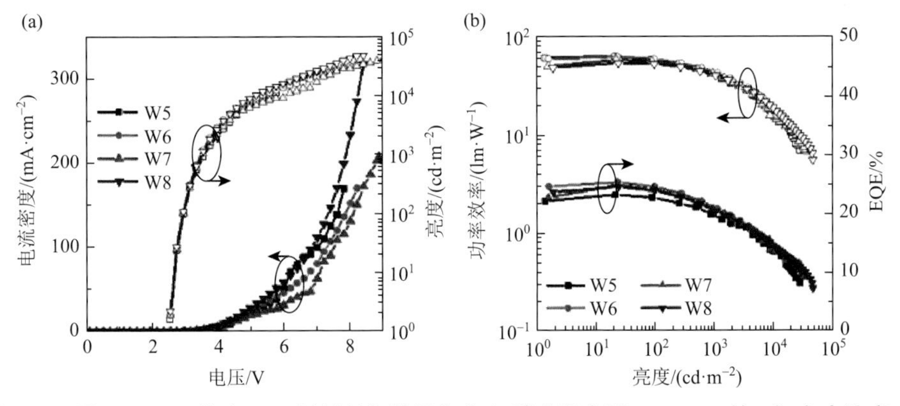

图 5-19　用 TPB-AC 蓝光 AIE 材料制备的四色荧光/磷光混合型 WOLED 的：（a）电流密度-亮度-电压特性曲线；（b）PE-EQE-亮度特性曲线[32]

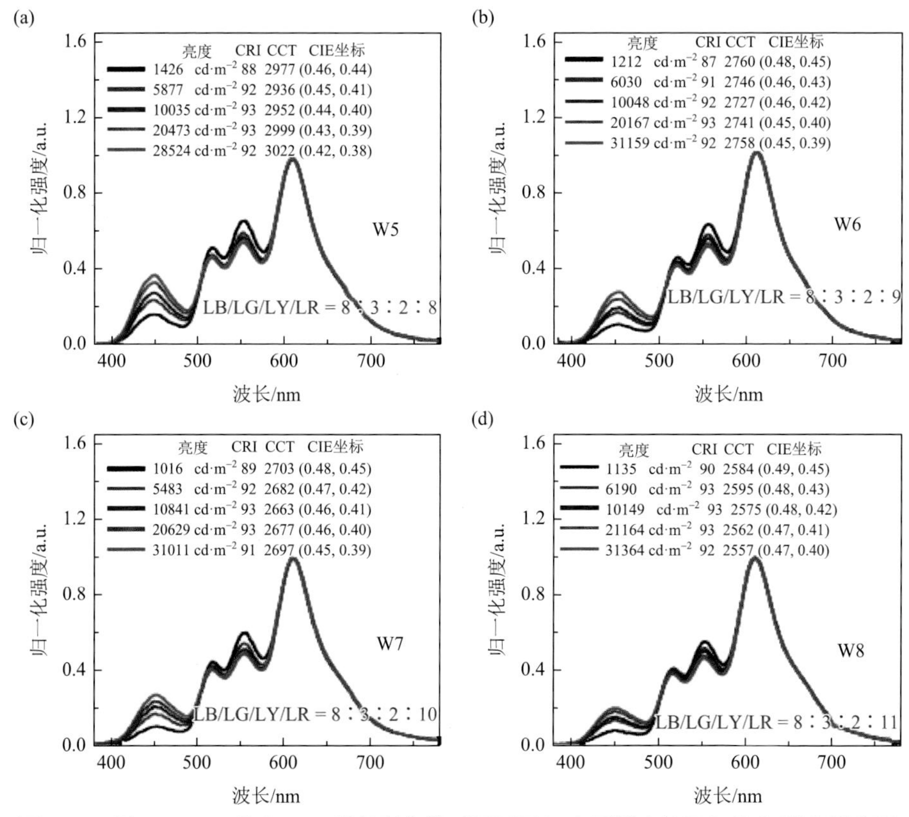

图 5-20 用 TPB-AC 蓝光 AIE 材料制备的对于不同红光层厚度的四色荧光/磷光混合型 WOLED 在不同亮度下的归一化电致发光光谱图[32]

（a）器件 W5；（b）器件 W6；（c）器件 W7；（d）器件 W8

马东阁等还用一种蓝光 AIE 材料 TPB-AC 和一种绿光 AIE 材料 CP-BP-PXZ 分别作为蓝光和绿光荧光发光层，一个红光磷光 $Ir(dmdppr\text{-}mp)_2(divm)$掺杂 TCTA 主体为红光磷光发光层，设计制备出了结构更简单的三色荧光/磷光混合型 WOLED[37]。其中，CP-BP-PXZ 是具有延迟荧光发光特性的 AIE 材料，称为聚集诱导延迟荧光（AIDF）材料，理论上可以实现 100%激子发射[38]。因此，用它们作为非掺杂发光层，希望能获得结构简单的高效率荧光/磷光混合型 WOLED，器件结构和所用的发光材料的分子结构如图 5-21 所示。令人鼓舞的是，这样制备的器件的确显示了综合性能良好的电致发光特性，如图 5-22 所示，器件的启动电压低至 2.4 V，$\eta_{C,max}$、$\eta_{P,max}$和 EQE 分别达到了 40.6 $cd·A^{-1}$、50.5 $lm·W^{-1}$和 20.5%，在 1000 $cd·m^{-2}$亮度下它们仍然可以保持 38.7 $cd·A^{-1}$、32.9 $lm·W^{-1}$和 18.9%。特别是器件也表现了稳定的光谱特性，色度坐标从 1000 $cd·m^{-2}$亮度的（0.52，0.45）到 10000 $cd·m^{-2}$亮度的（0.50，0.43）只变化了（0.02，0.02），重要的是，在整个亮度范围内，器件的显色指数 CRI 均达到了 90 以上，最大可达 93。这也表明，用 AIE 材料可以制备结构更简单的高性能 WOLED，因此迫切希望开发高效率的红、绿、蓝 AIE 或 AIDF 材料，以便用 AIE 材料制备出综合性能更好的 WOLED。

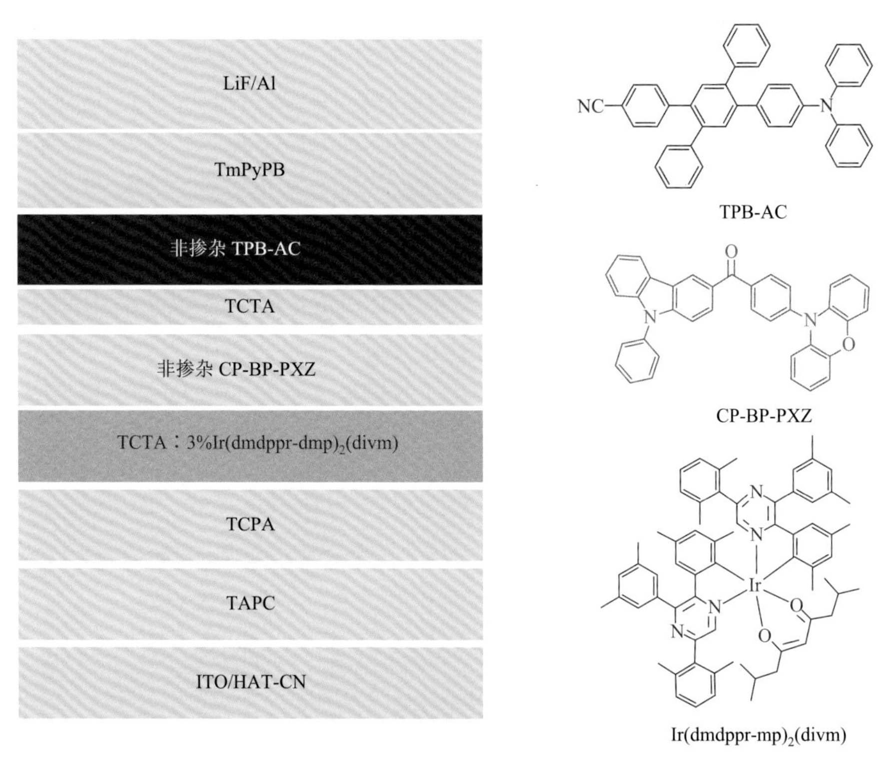

图 5-21　用 TPB-AC 蓝光 AIE 材料和 CP-BP-PXZ 绿光 AIDF 材料制备的三色荧光/磷光混合型 WOLED 的器件结构示意图和所用发光材料的分子结构图[37]

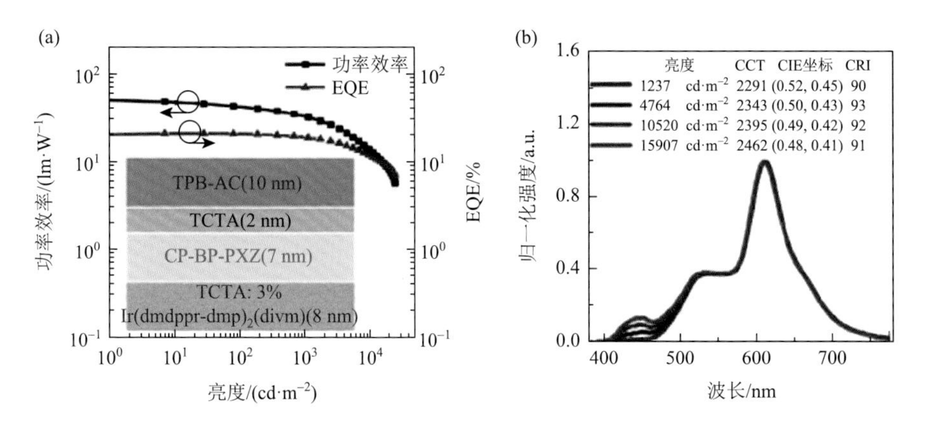

图 5-22　用 TPB-AC 蓝光 AIE 材料和 CP-BP-PXZ 绿光 AIDF 材料制备的：（a）三色荧光/磷光混合型 WOLED 的功率效率-EQE-亮度特性曲线；（b）在不同亮度下的归一化电致发光光谱图（插图给出了发光层结构与厚度参数）[37]

最近，赵祖金等设计合成了由 9, 9-二甲基-9, 10-二氢吖啶（DMAC）和 9, 9′-螺双芴(SBF)的电子给体与苯甲酰的电子受体构建的 SBF-BP-DMAC 新型 AIDF 材料，并且发现 SBF-BP-DMAC 材料不仅本身显示了 20.1%的电致发光 EQE，也是黄光磷光 $Ir(tptpy)_2acac$ 良好的主体材料，如此制备的黄光磷光 OLED 的 $\eta_{C,max}$、$\eta_{P,max}$ 和 EQE 分别达到 88.0 $cd \cdot A^{-1}$、108.0 $lm \cdot W^{-1}$ 和 26.8%。这样，用一个蓝光 AIE 材料 TPE-TAPBI 作为荧光发光层，$Ir(tptpy)_2acac$ 掺杂 SBF-BP-DMAC 作为磷光发光层，成功地制备出高效率两色荧光/磷光混合型 WOLED[39]，器件结构和所用发光材料的分子结构如图 5-23 所示。图 5-24 给出了该器件的效率和光谱特性。可以看到，该器件的 L_{max} 达 44030 $cd \cdot m^{-2}$，$\eta_{C,max}$、$\eta_{P,max}$ 和 EQE 分别达到 69.3 $cd \cdot A^{-1}$、45.8 $lm \cdot W^{-1}$ 和 21.0%，在 1000 $cd \cdot m^{-2}$ 亮度下还可以维持 63.9 $cd \cdot A^{-1}$、37.2 $lm \cdot W^{-1}$ 和 19.3%。上述这些非常好的电致发光性能 WOLED 的取得清楚地阐明了 AIE 材料良好的多功能性以及未来在 OLED 显示和照明领域巨大的应用前景。

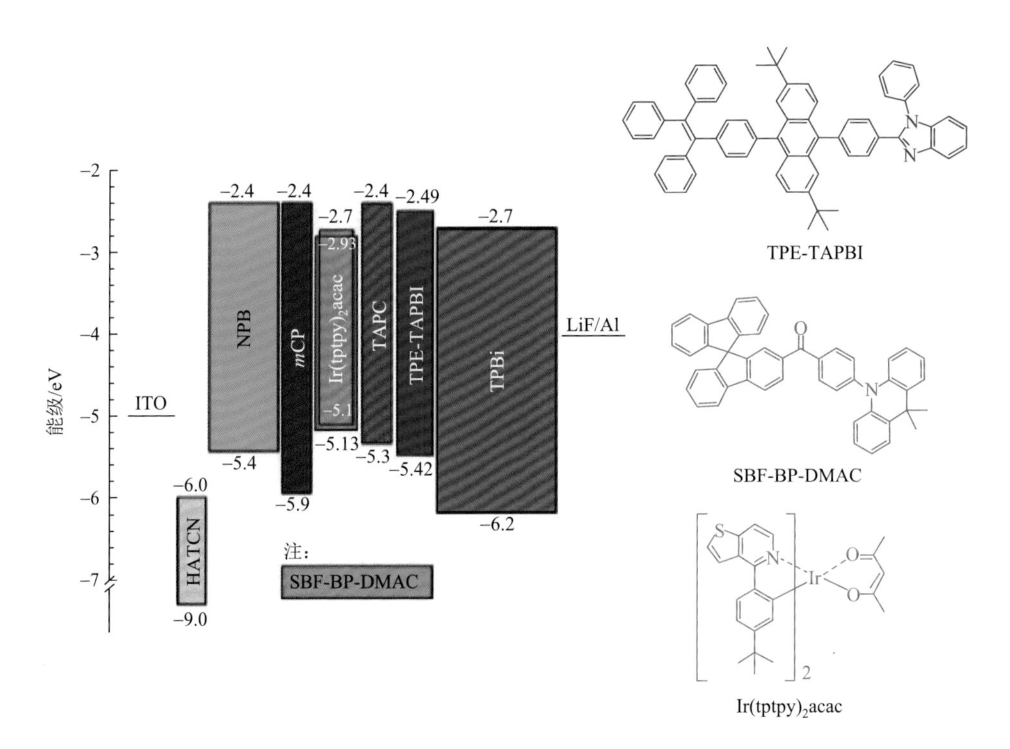

图 5-23　同 TPE-TAPBI 蓝光 AIE 材料和 SBF-BP-DMAC 绿光 AIDF 材料制备的两色荧光/磷光混合型 WOLED 的器件结构示意图以及 TPE-TAPBI、SBF-BP-DMAC 和 $Ir(tptpy)_2acac$ 材料的分子结构图[39]

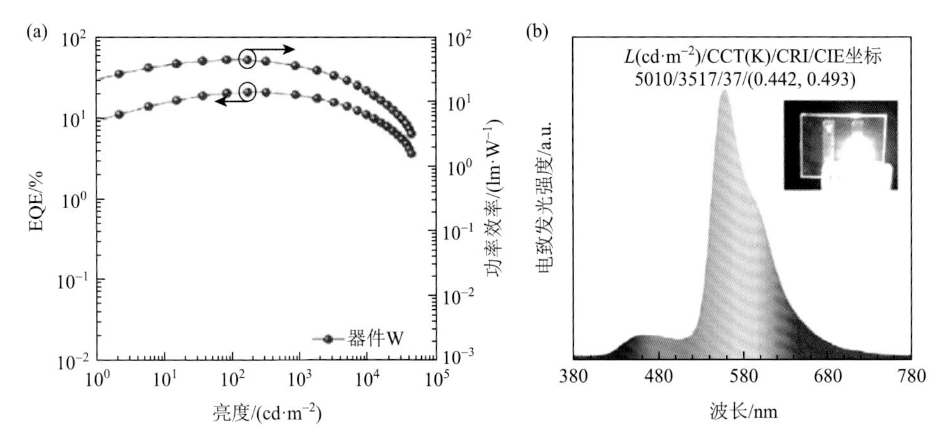

图 5-24　同 TPE-TAPBI 蓝光 AIE 材料和 SBF-BP-DMAC 绿光 AIDF 材料制备的两色荧光/磷光混合型 WOLED 的：（a）EQE-功率效率-亮度特性曲线；（b）在 10 mA·cm^{-2} 电流密度下的电致发光光谱图，插图给出了器件的发光图像[39]

5.4 结论与展望

综上所述，AIE 材料由于其优异的多功能性，不仅可以作为高效率的荧光发光材料来制备高效率蓝光荧光 OLED，也可以作为磷光发光材料的主体制备高效率绿/黄/橙/红光磷光 OLED，因此在开发高性能荧光/磷光混合型 WOLED 中显示出巨大的潜力。更为重要的是，完全不同于 ACQ 特征的有机发光材料，由于在固体薄膜状态下的高效率特性，用 AIE 材料制备的单色和白光 OLED 获得了优越的效率和在高亮度下极低效率滚降的电致发光性能，为构建高性能 OLED 提供了一条新的途径。可以预测，AIE 材料将在下一代 OLED 中展现出无限的潜力，这将大大降低 OLED 商业应用成本，为 OLED 材料和器件的研究开辟新的方向。目前，迫切需要开发高效率、长寿命的 AIE 材料，并优化设计激子利用率更高的器件结构，进一步提高器件的效率和稳定性，对于制备的白光 OLED，还需要改善显色指数和光谱稳定性，满足应用要求。值得相信，如果把 TADF、三线态-三线态湮灭（TTA）和杂化高能级电荷转移（HLCT）的概念引入到 AIE 材料的设计中，不仅可以进一步提高器件效率，更为重要的是可以大大保证器件的寿命，必将为 OLED 产业带来新一代的商业化材料系统。

参考文献

[1]　Wu Z，Ma D. Recent advances in white organic light-emitting diodes. Materials Science and Engineering：R：Reports，2016，107：1-42.

[2] Chen J，Zhao F，Ma D. Hybrid white OLEDs with fluorophors and phosphors. Materials Today，2014，17（4）：175-183.

[3] Zhang Z，Wang Q，Dai Y，et al. High efficiency fluorescent white organic light-emitting diodes with red，green and blue separately monochromatic emission layers. Organic Electronics，2009，10（3）：491-495.

[4] Wang Q，Ma D. Management of charges and excitons for high-performance white organic light-emitting diodes. Chemical Society Reviews，2010，39（7）：2387-2398.

[5] Schwartz G，Reineke S，Rosenow T C，et al. Triplet harvesting in hybrid white organic light-emitting diodes. Advanced Functional Materials，2009，19（9）：1319-1333.

[6] Zhao F，Zhang Z，Liu Y，et al. A hybrid white organic light-emitting diode with stable color and reduced efficiency roll-off by using a bipolar charge carrier switch. Organic Electronics，2012，13（6）：1049-1055.

[7] Sun N，Wang Q，Zhao Y，et al. High-performance hybrid white organic light-emitting devices without an interlayer between fluorescent and phosphorescent emissive regions. Advanced Materials，2014，26（10）：1617-1621.

[8] Zhao F，Wei Y，Xu H，et al. Spatial exciton allocation strategy with reduced energy loss for high-efficiency fluorescent/phosphorescent hybrid white organic light-emitting diodes. Materials Horizons，2017，4（4）：641-648.

[9] Mei J，Hong Y，Lam J W Y，et al. Aggregation-induced emission：the whole is more brilliant than the parts. Advanced Materials，2014，26（31）：5429-5479.

[10] Luo J，Xie Z，Lam J W Y，et al. Aggregation-induced emission of 1-methyl-1, 2, 3, 4, 5-pentaphenylsilole. Chemical Communications，2001，（18）：1740-1741.

[11] Qin W，Yang Z，Jiang Y，et al. Construction of efficient deep blue aggregation-induced emission luminogen from triphenylethene for nondoped organic light-emitting diodes. Chemistry of Materials，2015，27（11）：3892-3901.

[12] Zhan X，Wu Z，Lin Y，et al. Benzene-cored AIEgens for deep-blue OLEDs：high performance without hole-transporting layers，and unexpected excellent host for orange emission as a side-effect. Chemical Science，2016，7（7）：4355-4363.

[13] Li L，Nie H，Chen M，et al. Aggregation-enhanced emission active tetraphenylbenzene-cored efficient blue light emitter. Faraday Discus，2017，196：245-253.

[14] Shi H，Zhang X，Gui C，et al. Synthesis，aggregation-induced emission and electroluminescence properties of three new phenylethylene derivatives comprising carbazole and（dimesitylboranyl）phenyl groups. Journal of Materials Chemistry C，2017，5（45）：11741-11750.

[15] Liu H，Zeng J，Guo J，et al. High performance non-doped OLEDs with nearly 100% exciton use and negligible efficiency roll-off. Angewandte Chemie International Edition，2018，57（30）：9290-9294.

[16] Feng X，Xu Z，Hu Z，et al. Pyrene-based blue emitters with aggregation-induced emission features for high-performance organic light-emitting diodes. Journal of Materials Chemistry C，2019，7（8）：2283-2290.

[17] Wu H，Pan Y，Zeng J，et al. Novel strategy for constructing high efficiency OLED emitters with excited state quinone-conformation induced planarization process. Advanced Optical Materials，2019，7（18）：1900283.

[18] Zhang H，Li A，Li G，et al. Achievement of high-performance nondoped blue OLEDs based on AIEgens via construction of effective high-lying charge-transfer state. Advanced Optical Materials，2020，8（14）：1902195.

[19] Jeong H，Shin H，Lee J，et al. Phosphorescent organic compounds for organic light-emitting diode lighting. Journal of Photonics for Energy，2015，5（1）：057608.

[20] Ye J，Zheng C，Ou X，et al. Management of singlet and triplet excitons in a single emission layer：a simple

approach for a high-efficiency fluorescence/phosphorescence hybrid white organic light-emitting device. Advanced Materials，2012，24（25）：3410-3414.

[21] Chen Y，Zhao F，Zhao Y，et al. Ultra-simple hybrid white organic light-emitting diodes with high efficiency and CRI trade-off：fabrication and emission-mechanism analysis. Organic Electronics，2012，13（12）：2807-2815.

[22] Schwartz G，Pfeiffer M，Reineke S，et al. Harvesting triplet excitons from fluorescent blue emitters in white organic light-emitting diodes. Advanced Materials，2007，19（21）：3672-3676.

[23] Zhao F，Wei Y，Xu H，et al. Spatial exciton allocation strategy with reduced energy loss for high-efficiency fluorescent/phosphorescent hybrid white organic light-emitting diodes. Materials Horizons，2017，4（4）：641-648.

[24] Sun N，Zhao Y，Chen Y，et al. High-performance hybrid white organic light-emitting devices without an interlayer between fluorescent and phosphorescent emissive regions. Advanced Materials，2014，26（10）：1617-1621.

[25] Sun N，Wang，Q，Zhao Y，et al. A hybrid white organic light-emitting diode with above 20% external quantum efficiency and extremely low efficiency roll-off. Journal of Materials Chemistry C，2014，2（36）：7494-7504.

[26] Liao L，Ren X，Begley W，et al. Tandem white OLEDs combining fluorescent and phosphorescent emission. SID Symposium Digest，2008，39（1）：818-821.

[27] Moon J，Joo M，Lee Y，et al. “80 lm/W white OLED for solid state lighting”，（LG Chem）. SID Symposium Digest，2013，44（1）：842-844.

[28] Lin G，Chen L，Peng H，et al. 3, 4-Donor-and 2, 5-acceptor-functionalized dipolar siloles：synthesis，structure，photoluminescence and electroluminescence. Journal of Materials Chemistry C，2017，5（20）：4867-4874.

[29] Liu T，Zhu L，Zhong C，et al. Naphthothiadiazole-based near-infrared emitter with a photoluminescence quantum yield of 60% in neat film and external quantum efficiencies of up to 3.9% in nondoped OLEDs. Advanced Functional Materials，2017，27（12）：1606384.

[30] Li Y，Xu Z，Zhu X，et al. Creation of efficient blue aggregation-induced emission luminogens for high-performance nondoped blue OLEDs and hybrid white OLEDs. ACS Applied Materials & Interfaces，2019，11（19）：17592-17601.

[31] Xu Z，Gong Y，Dai Y，et al. High efficiency and low roll-off hybrid WOLEDs by using a deep blue aggregation-induced emission material simultaneously as blue emitter and phosphor host. Advanced Optical Materials，2019，7（9）：1801539.

[32] Xu Z，Gu J，Qiao X，et al. Highly efficient deep blue aggregation-induced emission organic molecule：a promising multifunctional electroluminescence material for blue/green/orange/red/white OLEDs with superior efficiency and low roll-off. ACS Photonics，2019，6（3）：767-778.

[33] Guo X，Yuan P，Qiao X，et al. Mechanistic study on high efficiency deep blue AIE-based organic light-emitting diodes by magneto-electroluminescence. Advanced Functional Materials，2020，30（9）：1908704.

[34] Liu B，Nie H，Zhou X，et al. Manipulation of charge and exciton distribution based on blue aggregation-induced emission fluorophors：a novel concept to achieve high-performance hybrid white organic light-emitting diodes. Advanced Functional Materials，2016，26（5）：776-783.

[35] Liu B，Nie H，Lin G，et al. High-performance doping-free hybrid white OLEDs based on blue aggregation-induced emission luminogens. ACS Applied Materials & Interfaces，2017，9（39）：34162-34171.

[36] Chen B，Liu B，Zeng J，et al. Efficient bipolar blue AIEgens for high-performance nondoped blue OLEDs and hybrid white OLEDs. Advanced Functional Materials，2018，28（40）：1803369.

[37] Xu Z，Gu J，Huang J，et al. Design and performance study of high efficiency/low efficiency roll-off/high CRI

hybrid WOLEDs based on aggregation-induced emission materials as fluorescent emitters. Materials Chemistry Frontiers，2019，3（12）：2652-2658.

[38] Huang J，Nie H，Zeng J，et al. Highly efficient nondoped OLEDs with negligible efficiency roll-off fabricated from aggregation-induced delayed fluorescence luminogens. Angewandte Chemie International Edition，2017，56（42）：12971-12976.

[39] Zeng J，Guo J，Liu H，et al. A multifunctional bipolar luminogen with delayed fluorescence for high-performance monochromatic and color-stable warm-white OLEDs. Advanced Functional Materials，2020，30（17）：2000019.

第6章 圆偏振 AIE 分子

手性是实物与其自身镜像不能重叠的现象，即不能通过平移或者旋转等对称手段来实现自身与其镜像重合的特性。手性在自然界和生命体中都扮演着十分重要的角色，而且在宏微观的层次上都有体现。手性圆偏振发光材料的圆偏振光（circularly polarized light，CPL）是手性分子系统左右手旋圆偏振荧光选择性发射的结果，由于该类材料具有优良的光电行为，人们对具有 CPL 发射能力的手性材料的研究兴趣越来越浓厚。CPL 手性有机小分子具有分子结构简单、发光效率高、种类多、易于衍生化等优点。进一步地，由手性有机小分子通过氢键、π-π 等分子间相互作用自组装能够构筑具有大不对称因子的圆偏振发光手性组装体。CPL[1-3]的材料由于其偏振发光特性在手性识别传感器、生物响应成像和光电器件[4]领域有独特的优势。在 OLED 显示器中，防眩光滤镜通常用于通过利用圆偏振（circular polarization，CP）光的性质来消除外部光源的眩光，但是，同时也消除了 OLED 发出的近 50%的非偏振光，从而导致外部效率损失。圆偏振有机电致发光二极管（CPOLED）的发射光可以直接通过防眩光滤镜，避免这个过程中的光效率损失。迄今，研究者们已经开发出各种 CPL 材料以制造具有强圆偏振 EL 性质的 CPOLED。然而，由于传统手性发射材料的 ACQ 性质带来的浓度猝灭问题，实现高效的 CPOLED 仍是一个挑战。因此，开发具有 AIE 效应的 CPL 材料对未来的显示设备具有重要意义。

在 CPL 分子的设计思路中，轴手性基团被广泛用作构建 CPL 活性材料，常见的轴手性基团如联萘酚、四氢联萘酚、二氨基环己烷及其衍生物。为了追求具有高 EQE 和低效率滚降的 CPOLED，Tang 等开发了一系列基于联萘酚基团的(*R*/*S*)-BN-CF、(*R*/*S*)-BN-CCB、(*R*/*S*)-BN-DCB 和(*R*/*S*)-BN-AF[5]的 CPL 活性分子（图 6-1）。(*R*)-BN-CF、(*S*)-BN-DCB 的单晶结构显示出扭曲的分子构象，在分子堆积中存在多重相互作用，可以有效地抑制发光猝灭和激子湮灭。(*S*)-BN-CF 在纯膜中的 PLQY 为 38.7%，在甲醇溶液中降至 2%，表明分子具有典型的 AIE 特征。此外，扭曲的结构有助于降低电子轨道耦合以及实现 HOMO 和 LUMO 的有效分离，使分子具有显著的延迟荧光特性。这些分子在较长波长区域内的圆偏振吸收不对称因子（g_{ab}）值与 D-A 结构导致的吸收跃迁有关，表明手性从联萘酚骨架成功转移到整个分子结构中。而且，在薄膜状态下这些分子的 g_{ab} 和圆偏振光致发光不对称因子（g_{pl}）值远高于溶液状态，可以推断出 AIE 分子倾向于在簇集过程中形成手性聚集体，实现基态和激发态的手性放大，基于此分子制备的非掺杂器件结构为 ITO/HATCN(10 nm)/TAPC(60 nm)/*m*CP(10 nm)/(*S*)-BN-CF (20 nm)/BmPyPB(50 nm)/Liq(2.5 nm)/Al，其 L_{max}、$\eta_{C,\ max}$ 和 EQE 分别达到 2570 cd·m^{-2}、10.28 cd·A^{-1} 和 3.51%，g_{EL} 值为 +0.026。(*S*)-BN-CF 的掺杂器件的 g_{EL} 值达到 +0.06，L_{max}、$\eta_{C,\ max}$ 和 EQE 分别为 2948 cd·m^{-2}、24.58 cd·A^{-1} 和 9.31%。

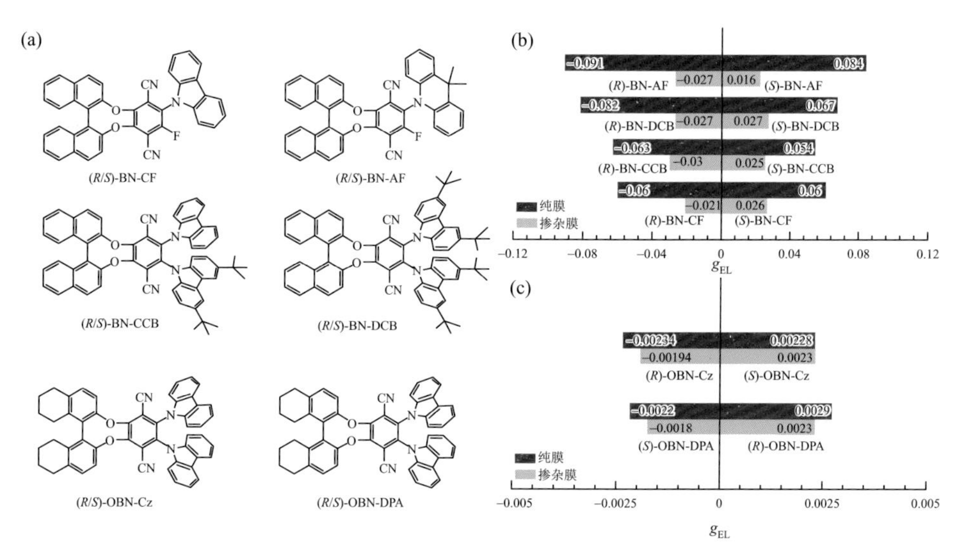

图 6-1 （a）(*R*/*S*)-BN-CF、(*R*/*S*)-BN-CCB、(*R*/*S*)-BN-DCB、(*R*/*S*)-BN-AF、(*R*/*S*)-OBN-Cz 和 (*R*/*S*)-OBN-DPA 的分子结构；（b，c）掺杂膜和纯膜的 g_{EL} 值[5, 6]

Zheng 等[6]报道了一对 TADF 对映异构体(*R*)-OBN-Cz 和(*S*)-OBN-Cz（图 6-1），引入八氢联萘酚（OBN）基团生成和诱导分子手性。此外，由于在环己烷部分周围有十六个氢原子，OBN 单元具有很大的位阻，可以有效抑制分子间紧密堆积。对于(*R*)-OBN-Cz，纯膜和共掺杂膜的 PLQY 高达 81%和 92%，明显大于在甲苯溶液中的 PLQY，表明分子具有明显的 AIE 效应。另外，在 OLED 蒸镀过程中，OBN 单元还可以诱导分子产生规则的取向以产生水平偶极子，可以有效提高分子的光取出效率。在分子中引入咔唑和氰基实现 HOMO 和 LUMO 的有效分离，进而引入 TADF 机制以充分利用三线态激子。测试结果显示，(*R*)-OBN-Cz 的 ΔE_{ST} 小至 0.037 V，平均寿命为 7.7 μs，可以发生有效的 RISC 过程。在对映体的 CD 光谱中，OBN 单元可以诱导整个分子产生手性，400 nm 附近的吸收归因于 D-A 相互作用。CPL 光谱显示，在甲苯中(*R*)-OBN-Cz 的 g_{PL} 为-4.6×10^{-4}，

(*S*)-OBN-Cz 的 g_{PL} 为 $+5.6\times10^{-4}$。而纯膜和掺杂膜中对映体的 g_{PL} 均显著提高至 1.55×10^{-3} 和 2.14×10^{-3}，表明在聚集过程中出现的手性放大效应。制备的 CPOLED D-D（R）器件结构为 ITO/HATCN(10 nm)/TAPC(60 nm)/TcTa：(*R*)-OBN-Cz(10 wt%)(5 nm)/26DCzPPy：(*R*)-OBN-Cz(10 wt%)(15 nm)/TmPyPB(60 nm)/LiF(1 nm)/Al。TcTa 既可以增强空穴传输，又可以作为主体，有利于降低驱动电压并扩大激子复合区。器件 D-D(R)的色度坐标为（0.22，0.53），EL 发射峰在 501 nm，半峰宽（full width at half maximum，FWHM）为 66 nm，L_{max}、$\eta_{C,max}$、$\eta_{P,max}$ 和 EQE 分别为 46651 cd·m^{-2}、93.7 cd·A^{-1}、59.3 lm·W^{-1} 和 32.6%，g_{EL} 值为 -1.94×10^{-3}。非掺杂器件 D-NF（R）的 L_{max}、$\eta_{C,max}$、$\eta_{P,max}$ 和 EQE 分别为 35633 cd·m^{-2}、47.8 cd·A^{-1}、34.6 lm·W^{-1} 和 14.0%，g_{EL} 值为 -2.34×10^{-3}。将给体换为三苯胺得到的手性对映异构体(*R*/*S*)-OBN-DPA[7]的非掺杂和掺杂的 CP-OLED 的 g_{EL} 高达 2.9×10^{-3}，最大 EQE 达到 12.4%。

Chen 等[8]基于 1, 2-二氨基环己烷骨架合成了两个手性对映体，(+)-(*S*, *S*)-CAI-Cz 和(−)-(*R*, *R*)-CAI-Cz（图 6-2）。(+)-(*S*, *S*)-CAI-Cz 的 PLQY 在薄膜中为 41%，在 *m*CBP 共掺杂薄膜中增加到 98%，远高于其溶液状态下的 PLQY，表明分子具有典型的 AIE 特性。由于 *m*CBP 提供的弱极性环境，(+)-(*S*, *S*)-CAI-Cz 发光出现少许蓝移，从 533 nm 蓝移到 528 nm。共掺杂的薄膜的 ΔE_{ST} 低至 0.06 eV，k_{RISC} 也达到 2.0×10^{4} s^{-1}，导致延迟荧光发射。1, 2-二氨基环己烷基团成功诱导对映异构体产生手性信号，(+)-(*S*, *S*)-CAI-Cz 和(−)-(*R*, *R*)-CAI-Cz 的 g_{lum} 分别达到 -1.1×10^{-3} 和 $+1.1\times10^{-3}$。优化后的器件结构为 ITO/HAT-CN(10 nm)/TAPC(25 nm)/TcTa(10 nm)/*m*CBP(10 nm)/*m*CBP：enantiomers(15 wt%)(20 nm)/TmPyPB(45 nm)/Liq(1 nm)/Al，g_{EL} 值为 2.3×10^{-3}，$\eta_{C,max}$、$\eta_{P,max}$ 和 EQE 分别为 59.4 cd·A^{-1}、52.9 lm·W^{-1} 和 19.8%。

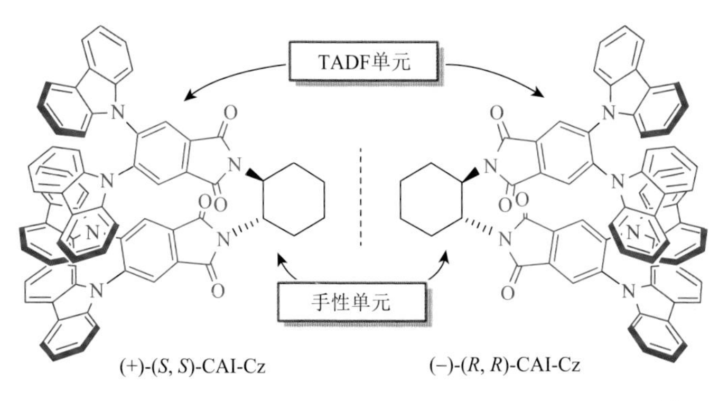

图 6-2　(+)-(*S*, *S*)-CAI-Cz 和(−)-(*R*, *R*)-CAI-Cz 的分子结构[8]

由于目前商业化的 OLED 设备均采用顶发射的器件结构，与实验室常用的底发射结构存在很大区别，故探究基于顶发射器件结构的 CPOLED 器件性能与设计思路对于材料的实际应用有着重要的意义。Grégory 等[9]首次报道了基于顶发射器件的 CPOLED 性能研究进展，并且这也是首个系统研究 CPL-TADF 材料构效关系的工作。在此报道中，十对 CPL 分子使用联萘作为手性骨架，通过氰基引入 TADF 特性，咔唑作为取代基，联萘骨架与 D-A-D 系统之间空间十分拥挤，构象扭曲，保证了其 TADF 与 AIE 性质的实现。在构效关系研究中发现，对于 C′组分子，由于其高的 S_0-S_1 跃迁磁偶极矩，在甲苯溶液中的 g_{PL} 可达到 1.1×10^{-3}，通过对单咔唑基团上修饰叔丁基、苯基增加咔唑基团的电子云密度来调控 TADF 特性并且对 g_{PL} 大小无显著影响。而对于增加了一个咔唑基团的 C 组分子来说，因为额外的咔唑基团会对电偶极矩与磁偶极矩的取向不利，所以会显著降低分子的手性性能，但在修饰上苯基之后，通过调控电子云密度可以达到更高的 $g_{PL} = 0.66\times10^{-3}$。而对于咔唑基团的位置来说，对位连接的 B 组表现出了优良的跃迁偶极矩以及磁偶极矩，表现出最大的 $g_{PL} = 3.0\times10^{-3}$。在顶发射器件中，由于光会在二极管叠层内经历多重反射，CPL 的控制极具挑战，因此，虽然基于分子 C′3 制备的顶发射器件在 500～1000 $cd\cdot m^{-2}$ 的工作亮度下，η_C 仅有 2.5 $cd\cdot A^{-1}$，EQE 只有 0.8%，但是对于开创性的尝试工作来说，研究顶发射器件结构的圆偏振性质是否能成功表达是更为重要的。在此工作中，顶发射器件保留了 80%的 CPL 性质，有力地证明了顶发射结构对于 CPOLED 的可行性（图 6-3）。

(a)

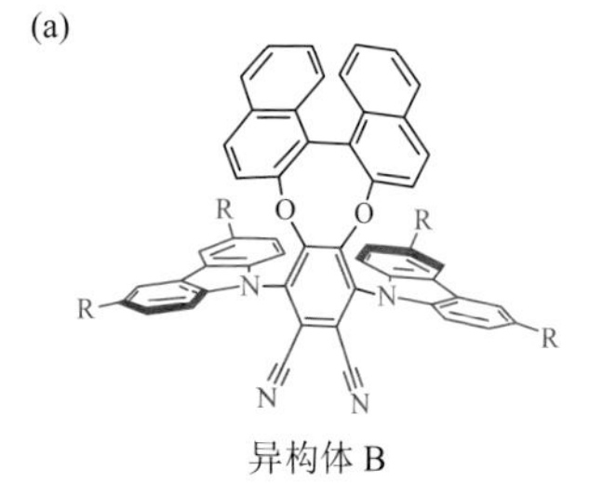

异构体 B

B1(R = H); B2(R = ^{t}Bu); B3(R = Ph); B4(R = p-^{t}BuPh)

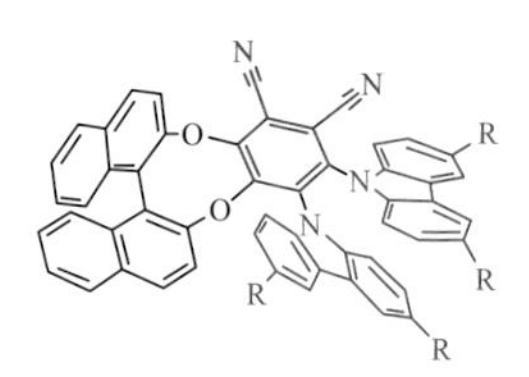

异构体 C

C1(R = H); C2(R = ^{t}Bu); C3(R = Ph)

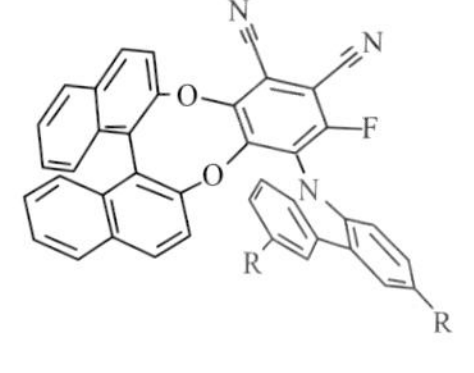

异构体 C′

C′1(R = H); C′2(R = ^{t}Bu); C′3(R = Ph)

(b)

发光
薄膜封装
阳极
HTL/HIL
EML
EIL/ETL/
HBL
阴极
硅晶片

层	材料	厚度/nm
阴极	Al-Cu/TiN	200/7
EIL	Ca	10
ETL	Bphen	20
HBL	Alq_3	5
EML	mCP + C′3-S/-R	30
HTL	STTB	5
HIL	STTB：F4TCNQ	26
阳极	Ag	15
封装体	SiO_2/Al_2O_3	80/25

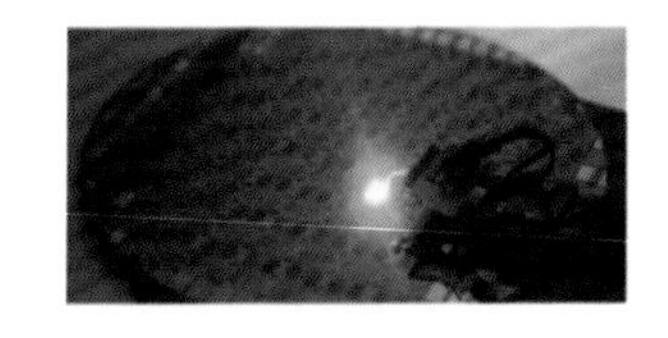

图 6-3 （a）十对基于联萘的 CPL 分子设计思路；（b）基于(*R*)-C′3 和(*S*)-C′3 的顶发射器件结构设计以及器件工作时的状态[9]

目前，基于有机小分子的 CPOLED 已被成功开发。归因于溶液加工技术的简单性，开发基于手性聚合物分子的高效 CPOLED 可以促进其工业化应用。Cheng 等[10]通过 Pd 催化的 Suzuki 偶联聚合反应合成了手性联萘酚型手性聚合物(*S*)-P 和(*R*)-P。(*S*)-P 在 THF 中的 PLQY 为 0.6%，在旋涂膜中 PLQY 为 14.8%，表现出典型的 AIE 特征。在 CD 光谱中，在约 360 nm 处检测到峰，其来源于通过 TPE 连接桥接的两个手性联萘基，表明手性在整个聚合物链中发生了有效转移。同时，在 CPL 光谱中，(*S*/*R*)-P 对映异构体可以在 496 nm 附近观测到峰，峰均值在$+1.1\times10^{-3}$和-1.3×10^{-3}。为了评估对映异构体的 CPEL 性能，制备了结构为 ITO/PEDOT：PSS(25 nm)/(*S*)-P/(*R*)-P(45 nm)/TPBi(35 nm)/Ca(10 nm)/Ag 的 OLED，器件的$\eta_{C,\max}$、$\eta_{P,\max}$和$L_{\max}$分别为 $0.926\ cd\cdot A^{-1}/0.833\ cd\cdot A^{-1}$、$0.390\ lm\cdot W^{-1}/0.422\ lm\cdot W^{-1}$和 $1669\ cd\cdot m^{-2}/1270\ cd\cdot m^{-2}$，$g_{EL}$达到了 0.024 和–0.019。为了进一步提高效率，该课题组引入了 TADF 机制来利用三线态激子，基于联萘酚的共轭骨架设计了两对小分子(*R*)-1/(*S*)-1 和(*R*)-2/(*S*)-2[11]。(*R*)-1/(*S*)-1 和(*R*)-2/(*S*)-2 在 THF/H_2O 混合体系中均表现出明显的 AIE 效应。(*R*)-1 和(*R*)-2 在纯净的薄膜中的荧光发射峰分别为 587 nm 和 547 nm，PLQY 分别为 2.3%和 5.9%。同时，掺入 TcTa 的掺杂膜的 PLQY 提高到 18.5%和 15.7%，发射峰位置在 568 nm 和 530 nm。对于(*S*)-1 和(*S*)-2，HOMO 主要分布在给体吩噁嗪上，而 LUMO 位于手性二苯甲酮部分上，k_{RISC}分别为$1.4\times10^{6}\ s^{-1}$和$4.2\times10^{6}\ s^{-1}$，在甲苯和纯膜中，(*R*)-1/(*S*)-1 的 CPL 值分别为$-1.2\times10^{-3}/+1.6\times10^{-3}$、$-7.1\times10^{-4}/+9.2\times10^{-4}$，在掺杂膜中，(*R*)-1/(*S*)-1 的 CPL 值为$-7.2\times10^{-4}/+8.2\times10^{-4}$，(*R*)-2/(*S*)-2 没有检测到 CPL 信号。基于(*R*)-1 的掺杂 CPOLED 的$L_{\max}$、$\eta_{C,\max}$和 EQE 分别为 $40470\ cd\cdot m^{-2}$、$9.1\ cd\cdot A^{-2}$和 4.1%，g_{EL}达到了-0.9×10^{-3}。

基于 AIDF 分子的优异 EL 性能，在聚合物侧链上进行修饰。侧链构筑手性分子就是在分子的侧链上引入具有手性特性的基团，从而实现整个分子的手性传递。通常在侧链构筑手性分子时，以非手性的生色团共轭分子为主体，在侧链部分利用非生色团的糖或氨基酸等手性单元来诱导对主体的手性传递。将 AIDF 单元和手性基团同时引入到相同的聚合物主链中，可以轻松地对聚合物进行改性。通过改进的 Suzuki 偶联合成了具有不同单体单元数量的两种聚合物 P5 和 P10[图 6-4（a）][12]，其中 P5 和 P10 的 AIDF 基团含量分别为 4.5%和 10.5%。在聚集态下分子无辐射运动可以得到有效的限制，辐射通道打开，同时实现 HOMO 和 LUMO 分离，并促进了 RISC 过程。在 THF 和固态下，P5 和 P10 的 PLQY 分别为 2.8%/3.9%和 6.7%/10.3%，表现出明显的 AIE 特性。P5 和 P10 的k_{RISC}分别达到$2.07\times10^{6}\ s^{-1}$和$2.50\times10^{6}\ s^{-1}$，寿命分别为 1.358 μs 和 1.366 μs，表明分子成功引入了延迟荧光特性。P5 和 P10 的 CPL 强度分别为-2.01×10^{-3}和-1.39×10^{-3}[图 6-4（b）]。随着 9-正辛基咔唑部分的引入，使分子具有较好的溶解性和可加工性，制备的器件结构为 ITO/PEDOT：PSS(50 nm)/5 wt%

P10：CBP(50 nm)/TmPyPB(45 nm)/LiF(1 nm)/Al，其 $\eta_{C,\max}$、$\eta_{P,\max}$ 和 EQE 分别为 2.52 cd·A^{-2}、0.94 lm·W^{-1} 和 0.87%。

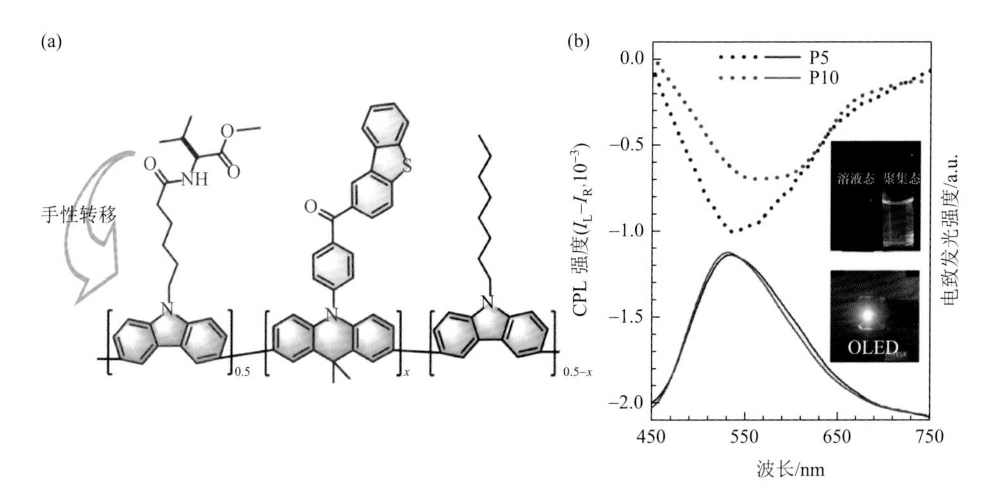

图 6-4 （a）P5/10 的分子结构；（b）薄膜状态下 P5 和 P10 的 PL 和 CPL 光谱[12]

参考文献

[1] Roose J，Tang B Z，Wong K S. Circularly-polarized luminescence（CPL）from chiral AIE molecules and macrostructures. Small，2016，12（47）：6495-6512.

[2] Brandt J R，Salerno F，Fuchter M J. The added value of small-molecule chirality in technological applications. Nature Reviews Chemistry，2017，1（6）：0045.

[3] Feng H，Liu C，Li Q，et al. Structure，assembly，and function of（latent）-chiral AIEgens. ACS Materials Letters，2019，1（1）：192-202.

[4] Han J，Guo S，Lu H，et al. Recent progress on circularly polarized luminescent materials for organic optoelectronic devices. Advanced Optical Materials，2018，6（17）：1800538.

[5] Song F，Xu Z，Zhang Q，et al. Highly efficient circularly polarized electroluminescence from aggregation-induced emission luminogens with amplified chirality and delayed fluorescence. Advanced Functional Materials，2018，28（17）：1800051.

[6] Wu Z，Han H，Yan Z，et al. Chiral octahydro-binaphthol compound-based thermally activated delayed fluorescence materials for circularly polarized electroluminescence with superior EQE of 32.6% and extremely low efficiency roll-off. Advanced Materials，2019，31（28）：1900524.

[7] Wu Z，Yan Z，Luo X，et al. Non-doped and doped circularly polarized organic light-emitting diodes with high performances based on chiral octahydro-binaphthyl delayed fluorescent luminophores. Journal of Materials Chemistry C，2019，7（23）：7045-7052.

[8] Li M，Li S H，Zhang D，et al. Stable enantiomers displaying thermally activated delayed fluorescence：efficient

OLEDs with circularly polarized electroluminescence. Angewandte Chemie International Edition，2018，57（11）：2889-2893.

[9] Frédéric L，Desmarchelier A，Plais R，et al. Maximizing chiral perturbation on thermally activated delayed fluorescence emitters and elaboration of the first top-emission circularly polarized OLED. Advanced Functional Materials，2020，30（43）：2004838.

[10] Yang L，Zhang Y，Zhang X，et al. Doping-free circularly polarized electroluminescence of AIE-active chiral binaphthyl-based polymers. Chemical Communications，2018，54（69）：9663-9666.

[11] Wang Y，Zhang Y，Hu W，et al. Circularly polarized electroluminescence of thermally activated delayed fluorescence-active chiral binaphthyl-based luminogens. ACS Applied Materials & Interfaces，2019，11（29）：26165-26173.

[12] Hu Y，Song F，Xu Z，et al. Circularly polarized luminescence from chiral conjugated poly (carbazole-ran-acridine)s with aggregation-induced emission and delayed fluorescence. ACS Applied Polymer Materials，2019，1（2）：221-229.

第7章 太阳能集光器

发光太阳能集光器（luminescent solar concentrator，LSC）的原理是由 Garwin 在 1960 年首先提出的[1]，其工作原理可简单描述为：依赖嵌入在玻璃或塑料基板中的发光材料，吸收太阳光后受激发发光。理想情况下，大多数这些发射的光子将通过全内反射将其捕获在波导中，然后通过全内反射将光子聚集在基板边缘[2]。因此，可以将光伏电池集成到基板边缘以收集聚集的光并产生电能。由上所述，不难理解 LSC 不仅可以减少光伏电池的面积、降低设备成本，在实际应用中，它还可以集成到窗户或墙壁中，满足光伏电池对于垂直入射光的要求。但是，由于重吸收损失，发光分子周围的生色团可能会在多次内反射过程中重新吸收发射的光子，限制了 LSC 的性能[3]。因此，找到一种有效减少重吸收损失的方法对提高 LSC 的性能具有重要意义。罗丹明、香豆素等传统发光分子具有高度平面的共轭结构，斯托克斯位移较小[4]。吸收光谱和发射光谱之间的重叠是 LSC 重吸收的最重要原因之一。解决此问题的常用方法是降低发光分子在基板中的浓度，但这同时会限制吸收光的效率[5]。基于这种情况，更有效的解决方案是将 AIE 分子用于 LSC。由于 AIE 材料的扭曲结构，它们通常具有较大的斯托克斯位移，可以有效地减少重吸收。由于 AIE 的固态发光优势，无论将它们制成薄膜还是分散在基质中，都不会由于发光猝灭而降低收集效果，为高效 LSC 器件的制备提供了新颖而重要的想法。

Wallace 等在 2014 年首次使用 AIE 活性材料在 LSC 装置中收集太阳能[6]。在这项工作中，他们将 10%浓度的 AIE 活性材料四苯基乙烯（TPE）滴涂到聚甲基丙烯酸甲酯（PMMA）中来制造 LSC。膜的 PLQY 经测量为 40%。他们使用光学边缘效率 η_{edge}（定义为波导到边缘的荧光光子数量与入射光子数量之比）来衡量 LSC 的性能，发现具有 TPE 的 LSC 的 η_{edge} 为 13.2%，斯托克斯位移为 1.11 eV，可以有效减少重吸收。因为材料中有机微晶的形成，造成光散射和部分光损失，对 LSC 性能产生不利影响。然而，TPE 由于其小的发射范围，不利于太阳能电池的高效运行，他们合成了四种 TPA 衍生物，如图 7-1 所示。遗憾的是，这四种分子的 PLQY 并不比 TPE 更理想。在随后的工作中，Wallace 等尝试将激发态能量转移（excitation energy transfer，EET）与 AIE 活性给体结合，使用给体 DPATPAN 和受体 DCJTB 作为 LSC 发色团，如图 7-2（a）所示，这是基于 EET 策略的 LSC 中使用 AIE 化合物作为光捕获给体的首次报道[7]。DPATPAN 的 PLQY 高达 92%，具有较大的斯托克斯位移和发光聚集效应，因此 LSC 可以在高浓度下有效收集光，而无需像传统材料那样在低浓度下工作。基于 DPATPAN-DCJTB 体系制造的 LSC 薄膜，LSC 的俘获光效率为 63.3%（模拟为 65%），光量子效率为 58.2%（模拟为 58%），其中，俘获效率定义为从边缘发射的光子与从 LSC 发射的光子总数之比，光量子效率是从 LSC 边缘发射的光子与吸收的光子总数之比。然而，受体 DCJTB 经历了发光的浓度猝灭效应，限制了其性能的应用。Wallace 等进一步尝试用表现出 AIE 特性的 PITBT-TPE 代替 DCJTB[8]，如图 7-2（b）所示，DPATPAN 的发射光谱与 PITBT-TPE 的吸收光谱具有良好的重叠，这有利于能量转移。DPTPAN 的吸收光谱和 PITBT-TPE 的发射光谱可以很好地分离，避免了给体对受体发射的重吸收。在 Wallace 等的另一项研究中，他们报道了芘异构体在 LSC 中的应用，也可以有效避免重吸收[9]。

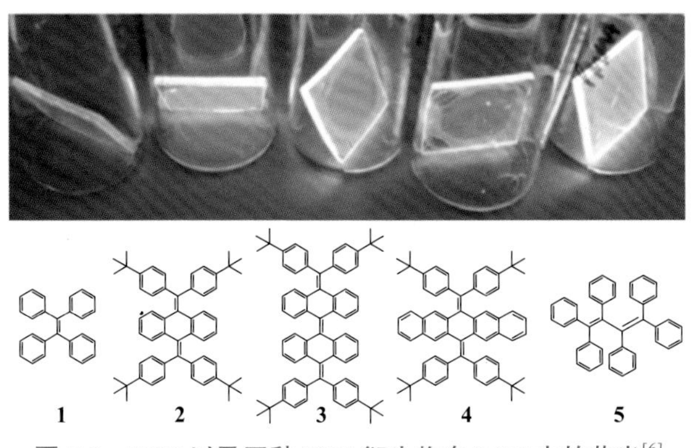

图 7-1 TPE 以及四种 TPE 衍生物在 LSC 中的荧光[6]

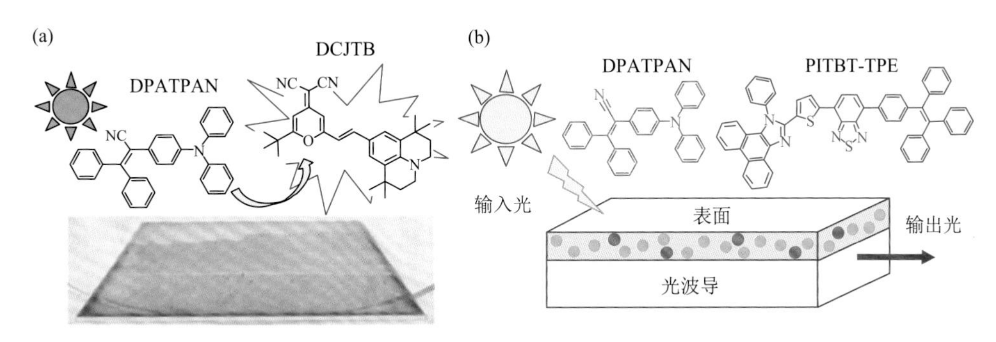

图 7-2 （a）DPATPAN 和 DCJTB 的分子结构及 LSC 器件的工作原理；（b）DPATPAN 和 PITBT-TPE 的分子结构及 LSC 器件的工作原理[7, 8]

Pucci 等[10]开发了其他 AIE 材料应用到 LSC 中，得到了首次使用基于 PMMA 和聚碳酸酯（PC）的红光 AIE 分子的高效 LSC。他们将 TPE 衍生物 TPE-AC 以 0.1 wt%～1.5 wt%的浓度分散到 PC 或 PMMA 中，如图 7-3（a）所示。获得的薄膜在 400 nm 和 550 nm 处有宽的吸收，有利于太阳能收集，荧光发射在 600～630 nm 达到峰值，并且自吸收率较低，薄膜的 PLQY 达到 50%。基于这种红光的 AIE 分子的 LSC 表现出高的效率比 η_{out}（在垂直于光源的情况下，电池在 LSC 边缘上方测得的短路电流与裸电池的短路电流之比）达到 6.7%。此后不久，Pucci 等[11]报道了 AIE 分子 TPE-RED 和基于它的聚合物 PMMA-TPE-RED，聚合物 PMMA-TPE-RED 的薄膜的最大 PLQY 值达到 26.5%，斯托克斯位移约为 170 nm，可以将重吸收控制在相当低的水平，并且约 650 nm 的发射峰也有利于硅基太阳能电池的高效运行。基于 PMMA/PMMA-TPE-RED 混合膜的 LSC 的性能显示出 10%的最高效率比，如图 7-3（b）所示。

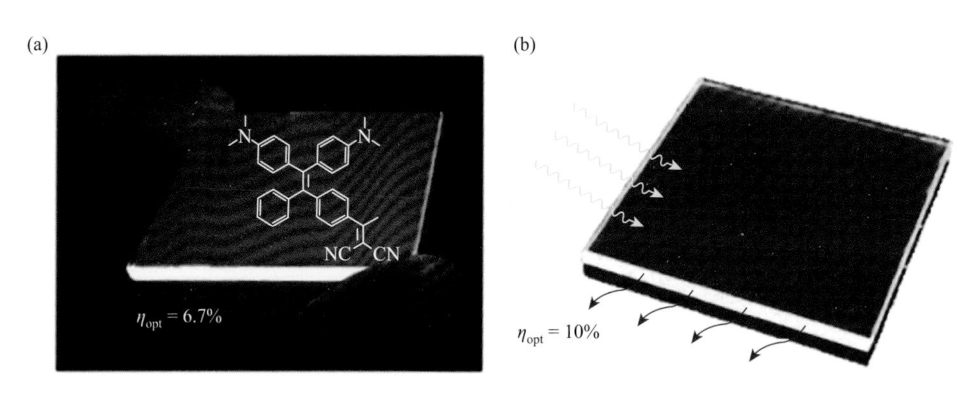

图 7-3 （a）TPE-AC 的分子结构以及相应 LSC 器件的性能展示；（b）PMMA-TPE-RED 的分子结构以及相应 LSC 器件的性能展示[10, 11]

最近，Evans 等[12]报道了一种基于 AIE 共轭聚合物给体 *p*-O-TPE 的 LSC，配合红光的受体 PDI-Sil，实现了良好的光谱重叠。对于这对给/受体的配合，很好地利用了 FÖrster 能量转移，既避免了非辐射跃迁损失，又能有效减少重吸收的问题。除此之外，波导材料的选择对于 LSC 的性能表现也尤为重要，合适的波导材料可以保证其 AIE 特性的发挥，并且减少光散射的损失问题。Griffini 等在 LSC 材料中引入了氟原子，增加了共轭骨架的热稳定性和氧化稳定性，把对 LSC 的研究从实验室推向了实际应用。

总而言之，LSC 中的 AIE 活性材料由于具有与传统 ACQ 分子截然不同的聚集状态下表现出强发射发光的性质，为优化 LSC 的性能提供了可行的方案。其分子结构设计时带来的大的斯托克斯位移，可以显著减小 LSC 器件的重吸收损失，也为 LSC 的推广和应用提供了新的思路。为了进一步的工作，调节发射波长范围以匹配不同吸收范围的太阳能电池，并通过调节分子结构来保持工作稳定性可能会成为该领域的研究热点。

参考文献

[1] Garwin R L. The collection of light from scintillation counters. Review of Scientific Instruments，1960，31（9）：1010-1011.

[2] Wilson L R，Rowan B C，Robertson N，et al. Characterization and reduction of reabsorption losses in luminescent solar concentrators. Applied Optics，2010，49（9）：1651-1661.

[3] Goetzberger A，Greube W. Solar energy conversion with fluorescent collectors. Applied Physics，1977，14（2）：123-139.

[4] Haines C，Chen M，Ghiggino K P. The effect of perylene diimide aggregation on the light collection efficiency of luminescent concentrators. Solar Energy Materials and Solar Cells，2012，105：287-292.

[5] Debije M G，Verbunt P P C. Thirty years of luminescent solar concentrator research：solar energy for the built environment. Advanced Energy Materials，2012，2（1）：12-35.

[6] Banal J L，White J M，Ghiggino K P，et al. Concentrating aggregation-induced fluorescence in planar waveguides：a proof-of-principle. Scientific Reports，2014，4：4635.

[7] Banal J L，Ghiggino K P，Wong W W H. Efficient light harvesting of a luminescent solar concentrator using excitation energy transfer from an aggregation-induced emitter. Physical Chemistry Chemical Physics，2014，16（46）：25358-25363.

[8] Zhang B，Banal J L，Jones D J，et al. Aggregation-induced emission-mediated spectral downconversion in luminescent solar concentrators. Materials Chemistry Frontiers，2018，2（3）：615-619.

[9] Banal J L，White J M，Lam T W，et al. A transparent planar concentrator using aggregates of gem-pyrene ethenes. Advanced Energy Materials，2015，5（19）：1500818.

[10] De Nisi F，Francischello R，Battisti A，et al. Red-emitting AIEgen for luminescent solar concentrators. Materials Chemistry Frontiers，2017，1（7）：1406-1412.

[11] Mori R，Iasilli G，Lessi M，et al. Luminescent solar concentrators based on PMMA films obtained from a red-emitting ATRP initiator. Polymer Chemistry，2018，9（10）：1168-1177.

[12] Lyu G，Kendall J，Meazzini I，et al. Luminescent solar concentrators based on energy transfer from an aggregation-induced emitter conjugated polymer. ACS Applied Polymer Materials，2019，1（11）：3039-3047.

第8章 电致荧光变色器件

1961 年，Platt 首次报道了电致变色（electrochromism，EC）现象，即电活性材料可通过电化学氧化还原反应产生颜色变化[1]。迄今，已报道了许多 EC 材料，并在生活中广泛使用，如电子纸、智能窗口和能量储存装置[2]。电致荧光变色（electrofluorochromism，EFC）是结合电致变色和荧光的新概念，这是 Lehn 在 1993 年首次提出的[3]。随后，Audebert 等[4]制造了第一个基于四嗪衍生物的 EFC 装置。在 EFC 的发展过程中，人们发现 EFC 装置对于防伪技术的发展有极大的潜力，因为随着大数据时代的发展，简单的防伪技术已经无法满足信息的数据增长与保护可靠性了，而 EFC 的多级刺激响应机制则很好地满足了多重防伪技术的要求。对于 EFC 器件来说，设计具有高荧光对比度、快速开关速度、多次循环稳定性以及低成本生产是提高其实际应用可能的直接手段。在 EFC 器件的材料发展过程中，由于三苯胺（TPA）[5-7]具有良好的溶解性和光致发光等优点，已广泛应用于 EFC 中。但是，由 ACQ 效应引起的浓度猝灭发光严重限制了基于 TPA 的 EFC 器件性能。

Liou 等将 TPA 单元与 AIE 分子结合，在 2018 年成功制备了几种 AIE 活性聚合物：TPA 单元可以有效地抑制聚酰胺从中性状态到氧化态的发射，同时将 TPE 单元并入聚酰胺中以提高发光能力。这些聚合物具有较低的触发电压和较短的响应时间，基于 TPA-CN-CH/HV（添加正庚基紫精，以获得更低的工作电位、更短的切换响应时间和更高的荧光亮度（PL）对比度，EFC 装置显示出最高的对比度（I_{off}/I_{on}），为 105。在这项工作中，基于 TPA-OMe-TPE/HV 的荧光猝灭响应时间最短，不到 4.9 s，但是照明过程的响应时间约为 69 s[8]。第二年，Liou 等合成了四种 AIE 活性材料，经过重复循环伏安法测试后，选择了 TPETPAOMe 和 BTOTPAOMe 这两种材料的电化学稳定性来制造 EFC 装置，使用了一种新的交联凝胶型技术，可以产生更强的 PL 信号。基于 TPETPAOMe/HV 的 EFC 器件在紫外激发下表现为蓝绿光 PL 发射，最大峰值位于 505 nm，可以通过将施加电压从 –0.10 V 增加到 1.60 V 来猝灭该发射。当电位变为–0.10 V 时，器件可以再次点亮。通过测试设备的对比度（I_{off}/I_{on}），他们发现基于 TPAOMe/HV 和 BTOTPAOMe/HV

的 EFC 装置的对比度可以达到 6.89 和 6.66。尽管这两种 EFC 装置均显示出比以前的 EFC 装置更长的荧光猝灭响应时间，但它们成功地将响应时间的点亮过程缩短为 16.4 s，而且基于 TPE-TPAOMe/HV 的器件在 100 次循环后表现出良好的电化学开关稳定性[2]。最近的工作中，他们合成了用于制造凝胶型 EFC 装置的 diOMe-TPA-CN 和 diOMeTPA-CNBr，交联行为限制了分子内运动，这些凝胶型体系显示出更强的 PL 发射。通过这种策略，I_{off}/I_{on} 对比度提升为 14.4，为提高 EFC 设备的对比度提供了新的思路[9]，上述分子及其 EFC 行为如图 8-1 所示。

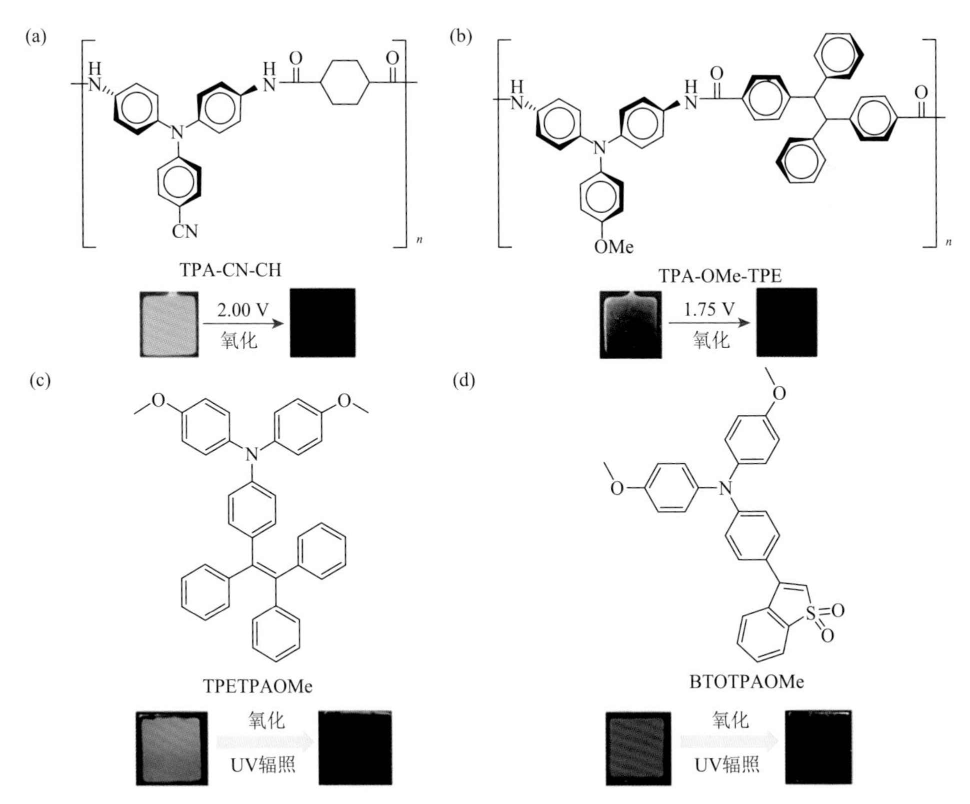

图 8-1 （a）TPA-CN-CH 的分子结构及基于 TPA-CN-CH/HV 的特定施加电压的 EFC 器件的氧化行为；（b）TPA-OMe-TPE 的分子结构及其基于 TPA-OMe-TPE/HV 的特定施加电压的 EFC 器件的氧化行为；（c）TPETPAOMe 的分子结构及基于 TPETPAOMe 特定施加电压的 EFC 器件的氧化行为；（d）BTOTPAOMe 的分子结构及基于 BTOTPAOMe 特定施加电压的 EFC 器件的氧化行为[2]

Chen 等在 2018 年 4 月报道了一种具有二苯胺和四苯基乙烯单元 PA-TPE 的 AIE 活性聚酰胺，这种 AIE 活性聚酰胺易于获得多孔膜。在中性状态下，PA-TPE 膜呈现出强烈的黄绿色荧光，在施加 0～1 V 的电压后光立刻猝灭，I_{off}/I_{on} 对比度为 417，这归因于 PA-TPE 膜的高固态荧光，同时实现高对比度和高速响应[10]，如图 8-2 所示。在随后的工作中，Chen 等合成了聚合物 TPPA-TPE-PA，制备的 EFC 器件 I_{off}/I_{on} 对比度最高可达 252，响应速度更快，并且在 10000 s 内具有出色的循环稳定性，如图 8-3 所示。这项工作为解决难以同时获得高荧光对比度和快速响应时间以及长期循环稳定性的问题提供了新思路[11]。最近，Chen 等研究者还开发了几种聚合物 EFC 材料，其表现出了无色至黑色的 EFC 反应，其开关响应速度可达到 2.88 s/0.2 s，并且 300 次循环下依然能保证优良的稳定性[12]。简而言之，AIE 材料通过聚集态的高发光有效地提高了 EFC 器件的对比度，并且该策略可用于获得高性能的 EFC 器件。未来的工作可能将集中在减少响应时间和增加设备长期运行的稳定性上。

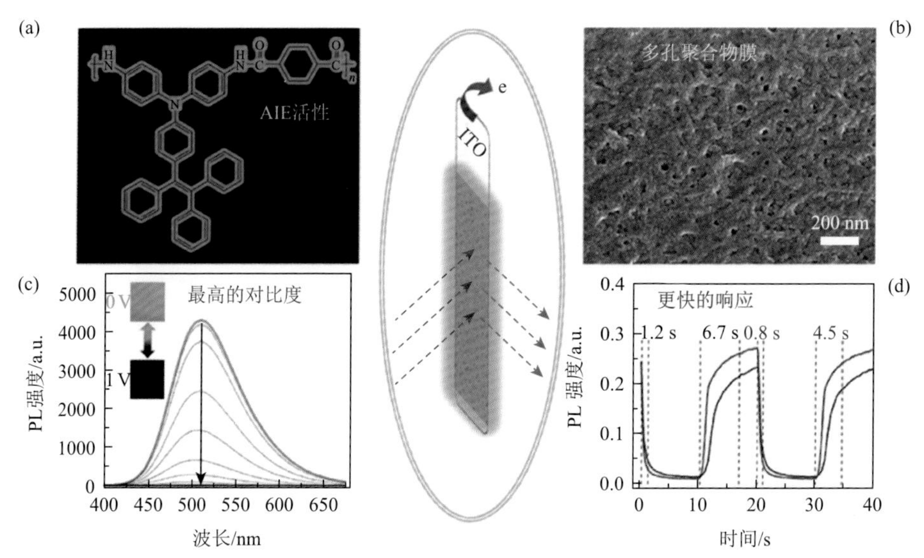

图 8-2 （a）PA-TPE 的分子结构；（b）PA-TPE-0.03 膜的 SEM 图像；（c）PA-TPE 薄膜的 PL 光谱在不同电位下的变化（插图显示在 365 nm 的激发下的聚合物膜的光学图像，施加电位为 0 V 和 1 V）；（d）PA-TPE 施加电压下的荧光切换响应[10]

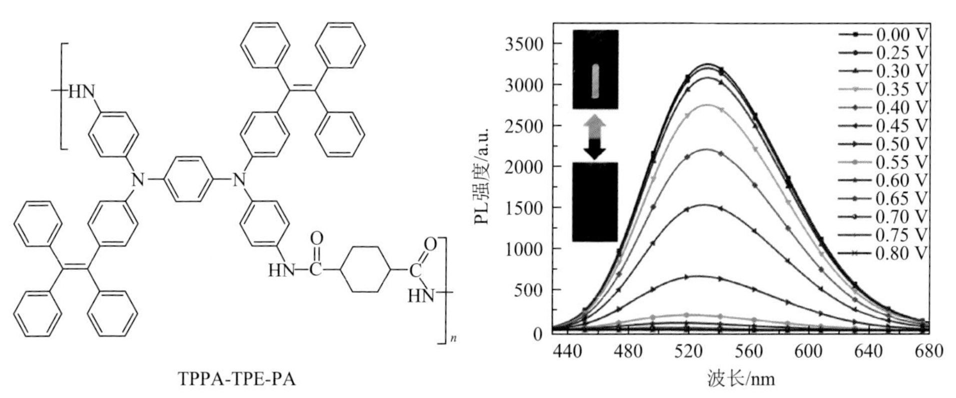

图 8-3 TPPA-TPE-PA 的分子结构以及不同电压下 TPPA-TPE-PA 薄膜的 PL 强度变化[11]

Tang 等研究者提出了一种简单而有效的策略来构筑具有 AIE 性质的 EFC 器件：在分子结构设计中，由于 4-甲氧基三苯胺具有很好的化学稳定性和较低的氧化电位，被用作电活性调节剂。而 TPE 与二硫代苯基二苯基乙烯（DTDPE）则赋予材料显著的 AIE 特性以用于保证其聚集态下的高效发光。最后，通过改变聚合物主链的结构，可以方便地控制最终所得聚合物分子 P（TPE-TPA）和 P（DTDPE-TPA）的吸收发射性能以及电刺激响应性能。通过循环性测试，两个聚合物分子均表现出良好的重复稳定性，其开关响应时间也完全符合实际要求。基于这两个聚合物分子优秀的 EFC 性能，研究者制备了一种双模显示器件：分别在 ITO 基板上涂布上“X”字形的 P（DTDPE-TPA）以及“Y”字形的 P（TPE-TPA），对器件施加正向电压，在紫外光照射下“X”与“Y”的荧光发射先后消失，而在日光下则表现为颜色的改变。更有趣的是，研究者提出了一种信息存储模型与防伪模型：在空间中涂布上三种不同的 EFC 材料，由于每种材料对于日光及紫外照射下的刺激响应不一样，通过组合，可以存储庞大的信息量。而若将不同的刺激视为一种解码条件，则由不同材料组合、不同电压刺激、不同光照调节都可成为多级安全措施中的一种，大大提高了防伪可靠性（图 8-4）[13]。

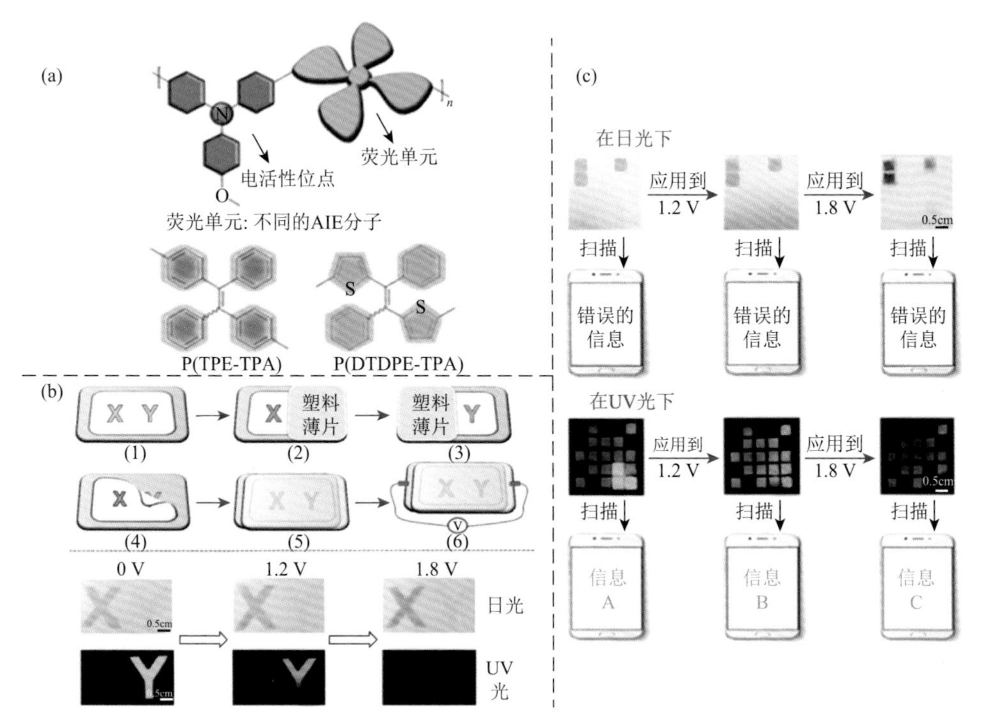

图 8-4　（a）P（TPE-TPA）和 P（DTDPE-TPA）的分子设计；（b）EFC 器件的制备流程示意图，以及在日光和紫外光下的电致变色和电致荧光变色行为；（c）基于三种电致变色材料组合制备的信息存储模型以及信息加密防伪模型[13]

参考文献

[1] Platt J R. Electrochromism，a possible change of color producible in dyes by an electric field. Journal of Chemical Physics，1961，34（3）：862-863.

[2] Lin H T，Huang C L，Liou G S. Design，synthesis，and electrofluorochromism of new triphenylamine derivatives with AIE-active pendent groups. ACS Applied Materials & Interfaces，2019，11（12）：11684-11690.

[3] Goulle V，Harriman A，Lehn J M. An electro-photoswitch：redox switching of the luminescence of a bipyridine metal complex. Journal of the Chemical Society，Chemical Communications，1993，（12）：1034-1036.

[4] Kim Y，Kim E，Clavier G，et al. New tetrazine-based fluoroelectrochromic window；modulation of the fluorescence through applied potential. Chemical Communications，2006，（34）：3612-3614.

[5] Ning Z，Chen Z，Zhang Q，et al. Aggregation-induced emission（AIE）-active starburst triarylamine fluorophores as potential non-doped red emitters for organic light-emitting diodes and Cl_2 gas chemodosimeter. Advanced Functional Materials，2007，17（18）：3799-3807.

[6] Hsiao S，Cheng S. New electroactive and electrochromic aromatic polyamides with ether-linked bis（triphenylamine）units. Journal of Polymer Science Part A：Polymer Chemistry，2015，53（3）：496-510.

[7] Wu J，Liou G S. High-performance electrofluorochromic devices based on electrochromism and photoluminescence-active novel poly（4-cyanotriphenylamine）. Advanced Functional Materials，2014，24（41）：6422-6429.

[8] Cheng S，Han T，Huang T Y，et al. High-performance electrofluorochromic devices based on aromatic polyamides with AIE-active tetraphenylethene and electro-active triphenylamine moieties. Polymer Chemistry，2018，9（33）：4364-4373.

[9] Chen S Y，Chiu Y W，Liou G S. Substituent effects of AIE-active alpha-cyanostilbene-containing triphenylamine derivatives on electrofluorochromic behavior. Nanoscale，2019，11（17）：8597-8603.

[10] Sun N，Su K，Zhou Z，et al. AIE-active polyamide containing diphenylamine-TPE moiety with superior electrofluorochromic performance. ACS Applied Materials & Interfaces，2018，10（18）：16105-16112.

[11] Sun N，Su K，Zhou Z，et al. Synergistic effect between electroactive tetraphenyl-*p*-phenylenediamine and AIE-active tetraphenylethylene for highly integrated electrochromic/electrofluorochromic performances. Journal of Materials Chemistry C，2019，7（30）：9308-9315.

[12] Sun N，Su K，Zhou Z，et al. “Colorless-to-black” electrochromic and AIE-active polyamides：an effective strategy for the highest-contrast electrofluorochromism. Macromolecules，2020，53（22）：10117-10127.

[13] Lu L，Wang K，Wu H，et al. Simultaneously achieving high capacity storage and multilevel *anti*-counterfeiting using electrochromic and electrofluorochromic dualfunctional AIE polymers. Chemical Science，2021，12（20）：7058-7065.

关键词索引

B

苝 ……34

C

掺杂 OLED ……48

D

单线态和三线态能级差 ……6
电致变色 ……128
电致发光 ……1
电子迁移率 ……30

E

蒽 ……32

F

发光亮度 ……7
发光太阳能集光器 ……124
反向系间穿越 ……1
非掺杂 OLED ……48
非辐射能量跃迁 ……11
分子间电荷迁移 ……6
分子内运动受限 ……11
辐射跃迁 ……5

G

高分子荧光材料 ……79
给体 ……66

H

化学键电荷转移 ……66

J

聚合物 OLED ……4
聚集导致猝灭 ……11
聚集诱导发光 ……11
聚集诱导延迟荧光 ……1

K

空间电荷转移 ……51,66
空穴迁移率 ……30

L

磷光 ……5

Q

启动电压 ……7
驱动电压 ……7

R

热活化延迟荧光 ……1

S

噻咯……38
三线态荧光……5
手性……117
受体……51
瞬时荧光……81
四苯基乙烯……11

W

外量子效率……7

Y

延迟荧光……81
荧光……5
荧光量子效率……7, 36
有机发光二极管……1
有机红光材料……6
有机蓝光材料……6
有机绿光材料……6
圆偏振光……117

Z

自旋轨道耦合……6

其　他

Förster 能量转移……49
WOLED……90
π-π 堆积……35